五星红旗迎风飘扬

大国利器

空中杀手 攻击机

宁海宽 著

陕西新华出版传媒集团

未来出版社

图书在版编目（CIP）数据

空中杀手：攻击机 / 宁海宽著. -- 西安：未来出
版社，2017.12（2018.10重印）
　（五星红旗迎风飘扬·大国利器）
　ISBN 978-7-5417-6293-2

　Ⅰ.①空… Ⅱ.①宁… Ⅲ.①强击机 – 青少年读物
Ⅳ.①E926.3-49

中国版本图书馆CIP数据核字（2017）第274418号

五星红旗迎风飘扬·大国利器

空中杀手：攻击机
宁海宽 著

选题策划　陆　军　王小莉
责任编辑　雷露深
封面设计　屈　昊
美术编辑　许　歌
出版发行　未来出版社（西安市丰庆路91号）
排　　版　陕西省岐山彩色印刷厂
印　　刷　陕西安康天宝实业有限公司
开　　本　710mm×1000mm　1/16
印　　张　18.75
版　　次　2018年2月第1版
印　　次　2018年10月第2次印刷
书　　号　ISBN 978-7-5417-6293-2
定　　价　56.00元

目录

空中杀手：攻击机

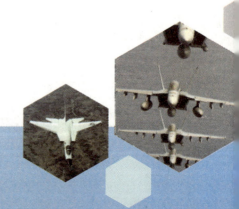

前　言

　　战争促进武器变革及发展。从冷兵器到火器，伴随着自动武器的出现，战争变得日益残酷，各国不得不考虑如何改变作战样式及研发新式武器。飞机从诞生之初，就被人们发现，使用飞机作战将是一种全新的作战方式。之后，它登上了"舞台"，谱写了一曲新篇章。就像机枪、坦克的出现一样，飞机让战争舞台更加绚丽多彩，让战争形势发生重大变化。

　　在第一次世界大战中，飞机被赋予了众多期望。由于性能不足，当时的表现并不出众，但它对各国军事理论的发展有着重大影响。

　　第二次世界大战初期，德国人横扫整个欧洲，以及战争后期同盟国战胜轴心国，飞机的贡献功不可没。1940年11月11日，英国"光辉"号航母和它的护航舰队抵达预定攻击位置，对意大利海军主力舰队所在地塔兰托进行空袭。1941年5月24日至27日，英国击沉"俾斯麦"号战列舰，"剑鱼"攻击机发挥了重大作用。 1941年12月7日（当地时间），日本海军派出6艘航空母舰、300多架战机的兵力，分两波偷袭珍珠港。

　　中东战争中，以色列依靠空军的力量，避免了被毁灭的命运。越南战争、海湾战争、阿富汗战争……飞机无不以一种多姿态的战争机器出现，并左右着结局。近距空中支援成为一个时代的代名词。

　　1951年下半年，我志愿军空军受命开赴一线战场，实施陆空协同作

前　言

战，收复大小和岛及附近岛屿。1951年11月6日下午，第8师22团2大队9架图-2型轰炸机，由大队长韩明阳率领，在歼击机部队的护航下，对大和岛进行轰炸。由于行动突然，各机种配合默契，成功地轰炸了大和岛上的目标，命中率达90%。这是新中国空军第一次使用轰炸机作战。

从1954年11月1日至11月4日，解放军空军和海军航空兵先后出动轰炸机112架次，连续猛烈轰炸大陈岛和一江山岛，投弹1154枚。1954年12月21日至1955年1月10日，我空军出动轰炸机、强击机、歼击机，5次轰炸大陈岛，并在1月10日炸沉蒋军坦克登陆舰"中权"号，并炸伤4艘舰只。

20世纪90年代，攻击机有了长足发展，在未来的空中战场上，除了现在的攻击机，多用途战斗机的发展势头也很强劲。已经问世的第三代战斗机、第三代半战斗机和第四代战斗机，都强调多用途，即不仅要有较强的空战能力，还要具有对地攻击能力。攻击/武装直升机的出现大大提高了攻击和防御的灵活性，但是直升机容易被地面防空武器的火力击落。长航时、智能化、多用途的无人驾驶攻击机的出现，标志着未来作战体系的改变。先进的战术数据链支撑起来的是陆海空天电五维作战体系，联合作战集群是未来作战的关键。先进的天基太空监视系统，将提供强大的导航和通信能力。海空联合兵力投送，将战场主动权掌握在手中。无人作战机器人将成为未来的战场主力之一。

第1章 浴血疆场——发展历程

攻击机,也称强击机,是一种用来对地面攻击用的军用飞机,任务以攻击中到近距离战术性地面目标为主,可担任近距空中支援、战场遮断、反装甲、核打击等角色。目前,多用途战斗机与无人攻击机基本上也可以执行攻击机的作战任务,但仍有专门设计的强击机。除此之外,还有些攻击机是由军用教练机改装而来的。

攻击机在体形上接近重型战斗机,性能上也十分接近,不过重型战斗机是以攻击空中目标为主,攻击机则是以地面或者水面目标为主,所以攻击机较不注重高速飞行或机动性。喷气时代初期,攻击机并未使用喷气式发动机,到后期才开始使用。攻击机在功能上接近战斗轰炸机,初期轰炸机主要是用航空炸弹来攻击,机枪与航空炮作为自身防御用,攻击机则主要是用机枪与航空炮来攻击地面或海面目标,炸弹、火箭或鱼雷用来强化攻击力,在导弹与联合制导攻击武器出现后,其成为主要的地面或海面目标的攻击武器。同时,小型化的精确制导弹药体积小、重量轻,飞机挂载数量也成倍增加。

攻击机的任务主要是对付地面或水面目标,在低空飞行容易遭到地面防空火力的打击。因此,设计时需要强化机身防护,保护重要的驾驶舱、发动机、油箱和控制系统,有的也会设计内嵌式弹仓,将危险性较高的武器(如炸弹、鱼雷和导弹）藏入机身内，一方面可以降低弹药被击中自爆的概率，另一方面也能有效改善飞行性能。此外，这种设计也符合现代化隐身技术。

1.1 第一次世界大战期间

攻击机作为一个角色出现在第一次世界大战（以下简称"一战"）期间，它的主要用途是在战场上支援地面部队作战。战场支援一般分为近距空中支援和战场空中遮断，前者需要良好的空地协同能力，后者只是一般性合作。攻击机也可以攻击敌人后方目标，执行任务时需要在低空飞行，这样可以避开敌方防空圈，同时也可以有效地识别地面或水面目标。其他类似的飞机，包括轻型轰炸机、中型轰炸机、俯冲轰炸机、侦察机、战斗机，也能够在战场上执行相同的任务。这些角色也可以在低空飞行并使用炸弹、机枪，有效地毁伤地面或水面目标。

攻击机来自轰炸机和战斗机衍生。轰炸机在战场上虽然被广泛使用，但其机体结构重，体积庞大，飞行速度慢；战斗机使用较轻的机体结构，飞行速度快。这两者没有基本的装甲防护，极易被地面防空火力击落。攻击机则具有装甲防护和结实坚固的机体来保证自身的安全。

在一战中，德国首先生产了专用对地攻击机，最值得注意的是容克JI（Junkers JI），它开创了一个装甲"浴缸"的想法，机身装甲结构保护了重要的发动机和驾驶舱。

西部阵线最后的战役表明，

容克JI

使用对地攻击机是一个有效的战术。它对步兵的近距离支援（机枪射击）、战术轰炸（特别是轰炸敌方在战壕和公路上移动的有生力量时）相当有效，并且可以支持盟军反冲击和攻击敌方阵地。当然，盟军的飞机损失率也很高。据统计，其在对地攻击时的损失率接近30%。

1.2 第一次世界大战后至第二次世界大战前的1919年至1939年

一战后，人们普遍认为，使用飞机攻击地面战术目标效果不明显。飞机主要用处是骚扰和破坏敌人的士气。同时，在对敌方地面目标攻击的过程中，飞机很容易被敌方地面防空武器或者战斗机击落。俯冲轰炸机使用炸弹轰炸地面或水面目标也被认为比使用机枪或者航空炮更有效。

20世纪20年代，美国军队采购了专门的"攻击"飞机，并形成独立的作战单位，美国陆军开始招标新型的对地攻击机。

1920年的波音GA-1（Boeing GA-1）采用了类似轰炸机的设计。该机拥有1门37毫米航空炮和8挺7.62毫米机枪以及一吨左右的装甲，发动机和驾驶舱带装甲保护，采用三翼面双发动机布局。GA-2拥有1门37毫米航空炮和6挺7.62毫米机枪，采用双翼面双发动机布局。飞行测试表明，GA-1的设计存在缺陷，飞行起降能见度低和性能差，特别是在爬升性和可操作性方面；噪声和4.75毫米厚

波音 GA-1

的装甲的振动同样也让人无法接受。

1922 年的 Aeromarine PG-1 体现了由轰炸机设计方案到战斗机设计方案的改变，飞机外形变小，在同等发动机功率的情况下可以有效地增加飞行速度，改善飞行包线，同时也可以减少被发现的概率。该机拥有 1 挺 12.7 毫米机枪和 1 门 37 毫米航空炮。

Aeromarine PG-1

在美国干涉海地（1915—1934 年）和尼加拉瓜（1912—1933 年）的战争中，美国海军陆战队开始使用近距离空中支援。虽然他们并没有开创俯冲轰炸战术，但美国陆军航空兵（USAAF）建立了一个独立的，以 "A-" 表示攻击机类型、"B-" 表示轰炸机类型、"P-" 表示驱逐机类型（后来改成 "F-" 战斗机）的标准。

第一个指定编号的攻击机是 1920 年出现的柯蒂斯 A-3（Curtiss A-3）。该机拥有 4 挺 7.62 毫米 M1919 勃朗宁机枪，1 挺双联 7.62 毫米路

知识卡

近距离空中支援

近距离空中支援（Close Air Support, CAS）是指航空兵为保障己方行动，对接近己方的敌方前沿或浅纵深的敌军目标采取细密整合，协调空中火力、运动或者其他战术行动，来支援己方活动。作战时，需要空中火力同地面单位精确配合，由地面或空中的武器引导员负责火力召唤和目标引导。地面的武器引导员多为空军人员，可以准确指示投放弹药种类、攻击目标方向、弹着点具体位置。当攻击机接近目标时，使用无线电、光电信号或发烟装置作为标志，为攻击机指示目标。

柯蒂斯 A-3

柯蒂斯A-12

诺斯罗普A-17

易士后座机枪，可携带1枚91千克炸弹。

早期的攻击机和战斗机在外形上没有太大区别，连座舱也是敞开式的。后座机枪可以用来对付尾随的战斗机。

柯蒂斯A-3的替代品，是1930年出现的柯蒂斯A-12（Curtiss A-12）攻击机，它的座舱已经改成封闭式的，机型也接近第二次世界大战（以下简称"二战"）早期的飞机样式。该机拥有4挺7.62毫米M1919勃朗宁机枪，1挺7.62毫米路易士后座机枪，可携带4枚55千克或者10枚13.6千克的炸弹。这些飞机没有有效的装甲防护，很容易被敌方地面防空火力击落。

1935年出现的诺斯罗普A-17（Northrop A-17）攻击机，在外形上像柯蒂斯P-36的放大版。该机拥有4挺7.62毫米M1919勃朗宁机枪，1挺7.62毫米勃朗宁后座机枪，总载弹量

可以达到 544
千克。

道格拉斯
A-33（Doug-
las A-33）攻击
机由诺斯罗普

A-17出口型更换了大功率的发动机而来，增加了
载弹量。该机拥有4挺7.62毫米 M1919 勃朗宁机
枪，1挺双联7.62毫米勃朗宁后座机枪，总载弹量
可以达到820千克。

英国皇家空军主要关注战略轰炸，而不是对
地攻击。英国皇家空军和陆军从一战开始就一直
装备有专门的联络机，主要用于空军同陆军的联
络，为陆军提供多种支援，包括侦察敌情、校对
炮兵弹着点、人员运输、对地攻击等任务。机型
包括霍克"赫克托"（Hawker Hector）、韦斯特兰
"莱赛德"（Westland Lysander）等。

霍克"赫克托"于20世纪30年代后期出现。
该机装有1挺7.7
毫米维克斯机
枪，1挺7.7毫米
路易士后座机
枪，可携带2枚
50千克炸弹或者
照明弹。它的发

霍克"赫克托"

韦斯特兰"莱赛德"

知识卡

韦斯特兰飞机有限公司

韦斯特兰飞机有限公司（West-land Aircraft）是一家英国飞机制造公司，创建于1915年。一战时为英国生产水上飞机和战斗机。二战时为英国生产战斗机和"莱赛德"联络机。二战后设计出飞龙舰载攻击机。1961年与其他英国公司合并成为韦斯特兰直升机公司。2001年又与意大利阿古斯塔直升机制造公司合并成为阿古斯塔－韦斯特兰公司。

亨舍尔 Hs 123

动机结构复杂，这会导致地勤维护起来更加频繁、更加复杂。

1934年，英国航空部颁发了 A.39 / 34 标准，招标新的联络机以取代霍克"赫克托"。韦斯特兰公司中标，为英国军队生产联络飞机韦斯特兰"莱赛德"。

二战期间，该机出色的短距起降性能和良好的低空、低速飞行性能得到充分发挥，可在无准备的简易机场起降，特别是在帮助法国抵抗组织方面卓有成效。但韦斯特兰"莱赛德"飞行速度较慢，而且缺乏装甲防护，自卫武器也不足，比起对地攻击它更适合战场侦察和人员运输。该机装有2挺7.7毫米勃朗宁MK.V机枪，1挺双联7.7毫米路易士后座机枪。同时，可携带1枚227千克或16枚9千克炸弹。

亨舍尔 Hs 123（Henschel Hs 123）是希特勒掌权后，亨舍尔决定开始设计的第一架飞机，用于满足1933年重生的德国空军对俯冲轰炸机的要求。该机拥有2挺7.92毫米MG 17机枪，后期修改为2门20毫米MG FF航空炮，可携带1枚450千克炸弹或4枚50千克炸弹。

20世纪30年代，纳粹德国开始使用亨舍尔Hs 123。虽然不是专业的对地攻击机，但其装配的20毫米航空炮是一个非常有效的对地攻击武器。这促使德国空军开始招标新的攻击机。一架单座双发攻击机——亨舍尔Hs 129（Henschel Hs 129）出现了。虽然它飞行缓慢，但其拥有全身的装甲防护和强大的攻击力。

亨舍尔Hs 129是二战初期开始生产的专用攻击机。从侧面能看到防弹玻璃有倾斜角度，且为了提高防护能力，机身截面设计成类似三角形。该机拥有2挺7.92毫米MG 17机枪，后期修改为2挺13毫米MG 131机枪，2门20毫米MG151/20航空炮。可携带4枚50千克炸弹

亨舍尔Hs 129

或使用30毫米MK 101航空炮吊舱，后期则可携带30毫米MK 103航空炮吊舱或37毫米BK 37航空炮吊舱（也曾试验携带过75毫米BK 75火炮）。

旧日本帝国海军已开发了爱知D3A（Aichi D3A）俯冲轰炸机（基于亨克尔He 70）和三菱B5M（Mitsubishi B5M）轻型轰炸机。它们属于轻装甲类型，只适合攻击没有战斗机和防空火力保护的地面目标。

爱知D3A

爱知D3A是二战时日本海军的舰载俯冲轰炸机，参加了几乎所有日本海军的行动（也参加了日本侵略中国的战争，犯下累累罪行）。该机拥有2挺7.7毫米97式机枪，1挺7.7毫米92式后座机枪。可携带1枚250千克或2枚60千克炸弹。

三菱B5M是三菱集团1937年生产的第一架飞机。该机拥有2挺7.7毫米97式机枪，1挺7.7毫米92式后座机枪。可携带1枚1000千克炸弹。

最引人注目的攻击机，是20世纪30年

知识卡

三菱集团

三菱集团（Mitsubishi Group）是一家日本公司。1870年岩崎弥太郎创办了三菱公司，以航运为主。后来向政府购买了一家造船厂修理自己使用的船舶；接着创立了自己的造船厂；最后通过船舶操作所获得的管理资源和技术能力进一步扩大业务，进入航空器和设备的制造。

1921年，三菱内燃机制造公司邀请英国索普威思"骆驼"的设计师赫伯特·史密斯与其他几个前索普威思工程师一起，在名古屋建立了一个飞机制造部门，即三菱重工名古屋飞机制造厂。二战期间，著名的飞机设计师堀越二郎便在这里进行设计工作。

代末出现的苏联伊尔－2（IL－2）攻击机。伊尔－2被称为"黑死神"，是历史上生产较多的军用飞机类型，连同它的后续机型伊尔－10一起，一共生产了42 330架。该机拥有2门23毫米VYa-23航空炮，2挺7.62毫米施瓦克机枪，1挺12.7毫米UBT后座机枪。可携带600千克炸弹和8枚RS-82型82毫米火箭弹或者4枚RS-132型132毫米火箭弹。

三菱B5M

二战爆发前期，攻击机的"专业性"并不明显，各种不同类型的飞机也能执行类似任务（有时轰炸机、战斗机、侦察机也客串对地攻击任务）。此时攻击机使用

伊尔－2

的武器主要有航空机枪、航空炮、大口径火炮、航空炸弹、火箭弹等。

　　航空机枪：重量轻、携弹量大、后坐力小、易生产，使用广泛，但杀伤力、穿透力小，只能对付无装甲目标或步兵。航空机枪的安装方式灵活，可以固定在机身、机翼上，或以吊舱的形式携带于机翼下、机腹下，双座机种也会在机背安置旋转机枪保护飞机。

　　航空炮：杀伤力较大，穿透力强，能对付装甲目标，但其重量重、携弹量少、后坐力大、开发与生产困难，故早期较少使用。航空炮能安装在固定机身、机翼上，或以吊舱的方式携带于翼下或机腹下。在重型轰炸机与后期攻击机上，安置旋转航空炮以保护飞机。

　　大口径火炮：杀伤力极大，穿透力更强，能对付重装甲目标甚至固定建筑物，多由地面火炮改装而来，重量极重、携弹量极少、后坐力极大，且多无自动填装，使用非常少，只能安装在固定机身上。

　　航空炸弹：对付地面或者水面目标的常用武器。因为任务的关系，攻击机较常携带重量轻的炸弹，以提高携弹量。

　　火箭弹：单独挂载或者以多管吊舱携带。攻击机大多携带较重的对地型火箭弹，以对付水面或地面目标。

1.3 第二次世界大战期间

闪电战的起源可以追溯到英国人富勒在二战之前提出的关于机械化战争的理论。装甲车辆的出现，以及内燃机广泛应用于战争，导致陆战产生根本性变革。军队的运输能力、行军速度、防护能力与突击能力都达到前所未有的水平。军事指挥、战略战术也随之发生变化。

富勒提出组建以坦克为核心的，由职业军人组成的小型精干的机械化装甲部队。这种部队具有集中灵活机动、防护力强、火力猛烈的特点；强调发挥装甲快速机动能力，像火灾初起时就扑灭火灾一样，在敌人尚未准备好的时候就通过迅速坚决的行动，攻占战略要地或切割敌人的防御；以瓦解敌人的士气，迫使敌人屈从于己方的意志为目的，而不是像克劳塞维茨的《战争论》那样强调从肉体上消灭敌人。富勒的机械化战争理论可视为闪电战战术的理论雏形。

20世纪30年代，纳粹德国的古德里安和苏联的图哈切夫斯基等军事家进一步发展了机械化战争理论，提出了装甲部队必须独立编成，并集中运用的原则，而不是分散配给步兵部队。这期间，纳粹德国和苏联开始出现较大规模适应机械化作战的编制，普遍装备了坦克和各种装甲战车，并且开始构想在作战中运用坦克、飞机、步兵和炮兵的协同，以达到快速制胜的目的。

1939年德国入侵波兰，揭开了二战欧洲战争的序幕。德国充分运用其在航空兵、装甲兵上的优势，快速突破波兰部队的防御后纵深迂回到波兰防线的后方，分割包围了大批波兰部队。合围中的波兰军队不仅丧失了补给和通信，而且由于战线后方被占领，失去了退却到国土纵深休整补充的能力，因而大批士兵被俘。仅仅28天后，波兰首都华沙被攻克；36天后，波兰有组织的抵抗被完全粉碎。

波兰战役被视为闪电战的开山之作，其后德国入侵挪威、比利时、荷兰和法国都采用了类似的战术，借此避开了马其诺防线，大规模集中运用坦克和机械化部队，与航空兵和伞兵高度协同，实施突然攻击、快速突破、纵深迂回包抄，从而在精神上瓦解对方的战斗意志。这种作战形式被称为"闪电战"。1941年，德国入侵苏联时也采用这种战术，在初期取得了很大战果。

德国空军的容克Ju 87（Junkers Ju 87）成了二战最初几个月近距离空中支援的代名词。它参加了德国人的众多军事行动，从精神上和肉体上瓦解对方的战斗意志。战争初期，机身上还装有发声器，俯冲时会发出尖啸的声音，让人感到恐怖。该机拥有2挺7.92毫米MG 17机枪，后期则可携带2门20毫米MG151/20航空炮或37毫米BK 37航空炮吊舱，1挺7.92毫米MG 15后座机枪，可携带4枚50千克或1枚250千克炸弹。

英联邦的沙漠空军，在亚瑟·特德的带领下，成为第一支联合战术编队，强调对地面目标的攻击，通常使用霍克"飓风"（Hawker Hurricane）和柯蒂斯P-40（Curtiss P-40 Warhawk）战斗轰炸机，或专门的"坦克破坏者"如霍克"飓风"的Mk IID（Hurricane Mk IID）。

霍克"飓风"是英国单座战斗机，于20世纪30年代

容克Ju 87

开始设计，40年代由霍克飞机公司为英国皇家空军生产。

霍克"飓风"Mk IID

霍克"飓风"的 Mk IID 是为攻击地面目标而改进的。该机拥有2门40毫米维克斯航空炮，2挺7.7毫米勃朗宁 MK.V 机枪。

柯蒂斯 P-40 是美国的单发动机、单座全金属战斗机，由柯蒂斯 P-36 修改而来。大名鼎鼎的飞虎队也使用这种飞机。该机机体结构坚固，中、低空性能突出，俯冲速度快。该机初期拥有4挺7.62毫米 M1919 勃朗宁机枪和2挺12.7毫米 M2 勃朗宁机枪，后期则是6挺12.7毫米 M2 勃朗宁机枪。可以携带907千克的炸弹。

柯蒂斯 P-40

大约在同一时间，轴心国部队大规模入侵苏联，迫使苏联空军迅速扩大空军对地面部队的支援能

第1章 浴血沙场——发展历程

波利卡尔波夫 波-2

力。一方面是使用伊尔-2攻击机，另一方面则是使用波-2进行夜间轰炸。"588夜间轰炸机团"是一个由女性飞行员和地勤人员组成的部队。被称为"夜间女巫"的女飞行员利用木制教练双翼飞机波-2"骚扰轰炸"地面目标。波-2也可以作为轻型运输、空中救护、侦察和教练机等使用。

波利卡尔波夫 波-2（Polikarpov Po-2）由尼古拉·尼古拉耶维奇·波利卡尔波夫设计，以取代U-1教练机，于1928年1月7日首飞。二战中波-2虽然对地轰炸的影响有限，但对德国军队的心理影响却是效果显著的。即使到了抗美援朝期间，该机仍发挥了作用。该机拥有1挺7.62毫米施瓦克后座机枪，可携带6枚50千克炸弹，4个RS-82 82毫米火箭弹。

战时的经验表明，战前被认为无装甲防护和轻装甲防护的攻击机在对地攻击时容易损失，尤其是面对战斗机拦截和地面防空火力时，但熟练的飞行员可以有效地避免这种损失。"斯图卡王牌"汉斯-乌尔里希·鲁德尔声称摧毁了500辆坦

知识卡

波利卡尔波夫设计局

波利卡尔波夫设计局是苏联的飞机制造商和设计局，由尼古拉·尼古拉耶维奇·波利卡尔波夫创立，主要设计和制造航空器，曾设计出I-15系列和I-16系列战斗机。

1937年8月，中国国民党政府与苏联政府签订了互不侵犯条约。作为苏联对国民党军事援助方案的一部分，从1937年到1939年，有超过250名苏联飞行员通过空中飞行的方式将255架I-15运往中国，波利卡尔波夫双翼飞机的交付总数达到347架。当双翼I-15性能落后于日军飞机之后，则改为提供单翼的I-16。

克、1艘战列舰、2艘巡洋舰和2艘驱逐舰，使用容克Ju 87执行过2300次飞行任务。

布里斯托尔"英俊战士"（Bristol Beaufighter）由布里斯托尔公司研制，作为皇家空军多功能的双发动机攻击机，最初的设计目的是作为重型战斗机使用，后来改成对地攻击机，主要攻击水上和地面的目标，以及充当夜间战斗机。该机拥有4门20毫米希斯潘诺MkⅡ型火炮，1挺7.7毫米勃郎宁后座机枪，同时可携带2枚227千克炸弹或1枚鱼雷，也可以携带8枚RP-3火箭弹。

还有一些攻击地面目标的任务是由战斗机挂载炸弹、火箭弹或用航空炮来执行的，如德国的福克-沃尔夫Fw 190（Focke-Wulf Fw 190）、英国霍克"台风"（Hawker Typhoon）、美国的贝尔P-39（Bell P-39）与共和P-47"雷电"（Republic P-47 Thunderbolt）战斗机。

汉斯-乌尔里希·鲁德尔

布里斯托尔"英俊战士"

第1章 蓉在蓝玫——发展历程

福克-沃尔夫Fw 190

霍克"台风"

贝尔P-39

福克-沃尔夫Fw 190是名副其实的多用途战斗机，它拥有2挺13毫米MG 131机枪和4门20毫米MG151/20航空炮，可携带30毫米MK 103航空炮吊舱或炸弹、火箭弹。

霍克"台风"拥有良好的低空性能，从而成为英国皇家空军的首要战斗攻击机。该机拥有4门20毫米希斯潘诺航空炮，还可以携带炸弹、火箭弹。

贝尔P-39具备良好的低空机动性和强大的火力。早期装有1门37毫米T-9航空炮，2挺12.7毫米勃朗宁机枪，4挺7.62毫米勃朗宁机枪。后期则拥有1门37毫米M4航空炮，4挺12.7毫米勃朗宁机枪。

共和P-47"雷电"最初打算为高空轰炸机护航，但逐渐被北美的P-51"野马"代替。该机机体坚固，垂直机动性好，可以俯冲扫射攻击目标，拥有8挺12.7毫米口径机枪，加上炸弹、火箭弹，可以有效地攻击欧洲和太平洋轴心国的地面目标。

机枪和航空炮最初可以有效对付地面目标，但防护性能更好的坦克出现后，则需要发展更加先进的武器。高爆火箭弹虽然可以有效地杀伤目标，但射击精度太差。在攻击地面目标时，没有命中的火箭弹可能严重破坏道路，甚至造成交通瘫痪。

装有大口径航空炮的攻击机在1944年开始生产。亨舍尔Hs 129 B-3具有1门75毫米BK 75反坦克炮，这是在二战期间最有力的反装甲武器。其他在出厂时配备了类似武器的是北美的海上攻击变型B-25"米切尔"H，它安装M4火炮，或同一款重量轻的T13E1或M5版本。这些75毫米炮为手动装填，炮管更短，初速比BK 75低，因此，穿甲能力不足（直到1971年四发动机的洛克希德AC-130"幽灵"配备了105毫米M102榴弹炮，BK 75才被超越）。

共和P-47"雷电"

North American B-25 Mitchell H（北美B-25"米切尔"H）。机头上面是12.7毫米口径机枪，下面是75毫米炮

1.4 第二次世界大战后至今

二战之后，大部分国家的空军没有开发专用的固定翼喷气式攻击机，是因为早期的喷气发动机的性能不足，燃油消耗率高，航程受限。二战后期的活塞式发动机功率高，飞机具有更快的加速性和出色的机动性。如英国皇家海军使用的霍克"海怒"（Hawker SeaFury）战斗机和韦斯特兰"飞龙"攻击机，美国使用的F4U"海盗"式战斗机和A-1攻击机（前者参加了朝鲜战争，而后者一直到越南战争时还在使用），苏联则使用的是由伊尔-2改进的伊尔-10。

活塞式的攻击机作战任务弹性小，而且不具有多用途作战能力。后期出现了喷气式攻击机：道格拉斯A-3和A-5攻击机，A-6"入侵者"式攻击机，沃特A-7"海盗"Ⅱ攻击机，苏-25，A-10"雷电"，"狂风"，AMX，达索"军旗"和"超级军旗"攻击机等。这些攻击机被用于对地攻击、近距空中支援、战场遮断和反装甲任务。攻击机的设计只注重装甲防护和生存性能，很少或根本没有考虑过空气动力学集成。近些年来，除了攻击机，多用途战斗机也加入对地攻击的行列，还有就是喷气式教练机也可以肩负对地攻击的任务，如英国的BAE"鹰"与捷克的L-39"信天翁"，许多新型教练机在设计之初就考虑了可以执行多种战斗任务的意图，如俄罗斯的Yak-130教练机。还有螺旋桨式教练机，如巴西的EMB314"超级巨嘴鸟"，阿根廷的IA58"普拉卡"等。这些对无法购买昂贵的多用途飞机的国家来说是一种不错的选择。还有一种就是由运输机改成的炮艇机，这类飞机留空时间长，火力充足，对地面目标持续打击能力强，如AC-47、AC-119、AC-130等。有人驾驶的攻击机体形大，性能难以提高。为了提高留空时间，达到隐身等要求，无人攻击机开始出现在战场上，它可自主飞行或者遥控飞行，体形小、噪声小，不易被人发觉。

第2章 沙场点兵——型号介绍

2.1 道格拉斯A-20 "浩劫"

道格拉斯A-20"浩劫"（Douglas A-20 Havoc）是美国的攻击/轻型轰炸机。它曾是盟军的主要空中力量，主要在美国陆军航空兵、苏联空军（VVS）、苏联海军航空兵（AVMF）和英国皇家空军（RAF）服役。澳大利亚、南非、法国、荷兰和巴西空军也曾使用过。

英联邦空军的攻击/轰炸型DB-7被称为"波士顿"，而夜间战斗机/攻击型则被称为"浩劫"。澳大利亚皇家空军的攻击/轰炸型DB-7也被称为"波士顿"，而陆军航空队夜间战斗机被称为P-70。

道格拉斯A-20 "浩劫"

1937年3月，以唐纳德·威尔士·道格拉斯、约翰·诺斯罗普和埃德·海涅曼为首的设计团队设计了一个轻型轰炸机方案，该机装有2台336千瓦普拉特·惠特尼（以下简称"普惠"）R-985 "黄蜂"星型发动机（安装在机翼下）。据估计，它可以载弹445千克，以400千米/时的速度飞行。后因这种设计可能导致发动机动力不足

知识卡

道格拉斯飞机公司

道格拉斯飞机公司（Douglas Aircraft Company）是美国航空航天制造商，由唐纳德·威尔士·道格拉斯（Donald Wills Douglas）创建于1921年。出产过DC系列运输机；A系列攻击机，如A-1、A-4；C系列运输机，如C-47、C-54、C-133等。1967年与麦克唐纳飞机公司合并，成立了麦克唐纳·道格拉斯（麦道）飞机公司。1997年与波音公司合并。

而被取消。

同年秋，美国陆军航空兵发出了自己的攻击机招标。以海涅曼为首的道格拉斯团队开始了DB-7A的设计；随后将发动机改成820千瓦的普惠R-1830"黄蜂"发动机，并命名为DB-7B。它与北美NA-40、史提曼X-100和马丁167F共同竞争。虽然DB-7B的机动性和飞行速度比较高，但最终没有获得订单。

随后法国采购委员会访问美国，法国方面谨慎地参与了DB-7的飞行试验，以免被美国人指责，因为当时DB-7被排除在法国谈判项目之外。DB-7B展示了单引擎的安全飞行性能，法国人对其印象深刻，并订购100架生产型飞机。当订单增加到270架时，二战开始了。

1942年，A-20C在弗吉尼亚机场维护

按照法国人的要求，设计方案进行了修改：机身变得更窄、更高；发动机则改成746千瓦的普惠R-1830-SC3-G；更换了法制机枪、公制标准飞行仪表。中途交付阶段，发动机则又改成820千瓦的普惠R-1830-S3C4-G。法国人将其命名为DB-7B-3（B-3表示三座轰炸机）。其中一些DB-7被运到卡萨布兰卡进行组装，在法属北非服役。在德军1940年5月进攻

第2章 沙场点兵——型号介绍

法国时，有64架可以使用的DB-7在法国。在法国投降之前，它们被疏散到北非，以避免被德军缴获。法国军队在北非与盟军并肩作战，DB-7被用作飞行训练和作战。1945年初，DB-7S被重新部署到法国，用于攻击西部海岸被盟军包围的德国人。

DB-7虽然不是飞行最快、航程最远的，但DB-7机体坚固，可靠性高，发动机功率高，机动性好。英国一份试飞报告这样描述DB-7：飞机视野良好，容易起飞和降落，操作性能好。同时，DB-7也可以方便地改成轰炸机或者夜间战斗机。在战场上，DB-7在不同领域的作战任务中均表现良好，这是一种真正意义上的多用途飞机。DB-7共生产了7098架，其中波音生产了380架。

英国在法国之后也采购了DB-7。在二战中，英国皇家空军第24中队装备了DB-7。1941年初，DB-7开始作为夜间战斗机和攻击机被使用。

1942年7月4日，美国陆军航空兵轰炸机飞行员使用DB-7参加了在欧洲的首次作战任务，攻击被德军占领的荷兰机场。

DB-7机头的探照灯

空中杀手：攻击机

直到换成"蚊"式之前，DB-7一直在使用。有些DB-7被当作夜间战斗机的目标引导机使用。在机头安装功能强大的探照灯，由地面雷达引导到敌军飞机附近，开灯寻找敌军飞机并照亮目标位置，再由飓风战斗机进行攻击。

苏联人利用租借法案，通过阿拉斯加—西伯利亚航线接收了A-20B、A-20G和A-20H。A-20是苏联轰炸机库存数量最多的外国飞机，甚至比美国陆军航空兵自己装备的还要多。

1942年6月，苏联人因不满意A-20上7.62毫米勃朗宁机枪每分钟600发的射速，将其改成7.62毫米施瓦克机枪，射速能够达到每分钟1800发；另有一些飞机则改装了航空炮。1942年夏天，A-20经常采用超低空飞行，攻击有防空火力保护的德国人的车队。普遍的看法是，A-20发动机功率强大，机体坚固，飞行速度快，三点式起落架便于起飞和降落，甚至可以减少对飞行员的培训时间。该发动机虽然可靠，但对低温敏感，因此苏联工程师们开发了特殊的盖子以解决螺旋桨轮毂的冻结问题。

到二战结束，A-20共生产了7478架。苏联购买了3414架，其中2771架交付苏联空军。

A-20G后期生产型数据

基础数据

知识卡

租借法案

租借法案是指美国国会在二战初期通过的一项法案，目的是在美国不卷入战争的同时，为盟国提供战争物资，但前提条件是盟国必须使用自己的货船来运输这些战争物资，以避免美国商船遭受攻击。接受租借法案的国家包括英国、苏联、中国等38个国家。该法案于1941年3月11日起生效，为第1776号案。

阿拉斯加—西伯利亚航线

阿拉斯加—西伯利亚航线是指美国在二战中运送飞机等物资到苏联的一条路径。美国飞行员将飞机飞到费尔班克斯，由苏联人检查飞机后，再由5个有特定飞行路线的飞行团经过五段飞行，飞到克拉斯诺亚尔斯克。有不少女飞行员参加了这个长途运输飞行任务。P-39或P-63和双发动机的B-25或A-20一起飞行，C-47则可以自由飞行和摆渡飞行员。

* 乘员：3人

* 长度：14.63米

* 翼展：18.69米

* 高度：5.36米

* 机翼面积：43.2米^2

* 空重：6827千克

* 最大起飞重量：12 338千克

* 动力装置：2台建造者R-2600-A5B"双旋风"星型发动机，每台功率1200千瓦

性能

* 最大飞行速度：546千米/时（在3050米高度）

* 最大航程：1690千米

* 使用升限：7225米

* 爬升率：10.2米/秒

武器

* 机头上有6挺12.7毫米M2勃朗宁机枪

* 机背上有1挺双联装12.7毫米M2勃朗宁后座机枪

* 机腹有1挺12.7毫米M2勃朗宁机腹机枪，安装在弹舱后面

* 炸弹：910千克

2.2 北美A-36"阿帕奇"

北美A-36"阿帕奇"（North American A-36 Apache）（被称为"侵略者"或"野马"）是北美P-51"野马"对地攻击/俯冲轰炸机的改进型，和P-51的区别在于机翼上方和下方带有长方形俯冲减速板。从二战开始

到1944年，共有500架A-36俯冲轰炸机在北非、地中海、意大利和中国——缅甸——印度战区服役。英国皇家空军于1942年2月采购北美A-36"野马"，主要战斗任务是低空侦察和地面支援，用以补充柯蒂斯P-40。首批提供给第26皇家空军中队，1942年6月增加到10个中队，并在迪耶普战役中首次使用A-36。1942年8月19日，加拿大皇家空军第414中队击落了一架福克-沃尔夫Fw 190，这是A-36的第一个空中战果。尽管A-36的艾利森V-1710发动机高空性能不足，但英国皇家空军还是喜欢这个新的"坐骑"。

在P-51战斗机设计成功之后，北美航空（NAA）的总裁金德尔伯格调取美国陆军航空兵的P-51战斗机合同，在"野马"IA / P-51机翼上安装了4门20毫米希斯潘诺航空炮，以代替原来机头上的2挺7.62毫米M1919勃朗宁机枪和机翼上的4挺12.7毫米M2勃朗宁机枪。由于1942年度财政上没有为新的战斗机合同提供资金，奥利弗·P.埃科尔斯（Oliver P.Echols）和战斗机项目官员本杰明·S.凯尔西（Benjamin S.Kelsey）要求北美航空确保P-51在生产数量上不受干扰。

由于之前的拨款可用于攻击机的研究，埃科尔斯把P-51的设计方案修改成俯冲轰炸机，装有炸弹架和俯冲减速板。1942年4月16日，凯尔西签署了生产500架A-36飞机的合同。这份合同是在1942年5月P-51首飞之前完成的。北美航空按照英国皇家空军要求的拥有航程远及可挂炸弹的标准来修改P-51，共完成40 000小时的工程研究，1/8比例飞机模型风洞试验也顺利完成。1942年6月，利用基本型的P-51机身加上艾利森发动机，再在结构上补强了机体高应力区。A-36机翼则完全重新设计，机翼上有挂弹架和4个铝制俯冲减速板，减速板制动器安装在机翼稍微内侧的位置。

1942年9月北美航空英格伍德工厂生产出第一架A-36A，10月通过飞

北美航空

北美航空（North American Aviation,NAA）是美国航空航天制造商,成立于1928年,由克莱门特·梅尔维尔·凯斯（Clement Melville Keys）创建。其前身是航空控股公司,1934年成为航空制造公司,后与波音公司合并。许多历史性产品都是该公司的项目,像X-15"火箭"飞机,P-51"野马"战斗机,F-86"佩刀"战斗机,B-25"米切尔"轰炸机,B-1"枪骑兵"轰炸机,XB-70轰炸机,阿波罗指挥与服务舱,航天飞机和轨道飞行器等。

行测试后,很快就进行生产。A-36A采用在机头上安装2挺12.7毫米M2勃朗宁机枪,机翼上安装4挺12.7毫米M2勃朗宁机枪的设计方案。美国陆军航空兵设想,俯冲轰炸机将在低于海拔3658米使用,所以指定A-36A采用艾利森V-1710-87发动机。A-36A拥有直径3.28米的3叶片柯蒂斯电动螺旋桨,在914米高度上功率可达988千瓦,进气口入口被重新设计成为开口较大的固定口。此外,化油器进气口装有热带空气过滤器,以防止沙砾被吸入发动机里。

美国陆军航空兵后来下令生产的310架P-51A,基本上相当于没有俯冲制动器和机头武器的A-36A,只在机翼上装有4挺12.7毫米M2勃朗宁机枪,采用895千瓦的艾利森V-1710-81型发动机,并使用与A-36A相同的散热器和进气口。虽然P-51A仍装有炸弹挂架,但它只是为了携带副油箱。

在北非法属摩洛哥驻扎着美国陆军航空兵第27战斗轰炸机大队。该大队由4个中队组成,混编了道格拉斯A-20"浩劫"以及北美A-36A"阿帕奇"。第86战斗轰炸机大队于1943年3月到达,并与第27战斗轰炸机大队一起培训A-36A飞行员。1943年6月6日,这两个A-36A飞行大队执行配合盟军攻击潘泰莱里亚岛（Pantelleria）的作战任务。战斗中,A-36A被证明是强效有力的攻击机：它可以在3658米高度上打开俯冲减速板进入垂直俯冲，俯冲速度被限制在628千米/时（A-36A-1飞行手册要求在开始俯冲前限制飞机飞行速度）。A-36A飞行员很快就认识到，不同的液压压力减速板打开角度有所不同，导致飞流不对称，让飞机轻微翻滚，妨碍了目标瞄准。在反复试飞之后，飞行员发现根据目标实际情况，在610米至1219米之间投弹，随后立即拉起来非常有效。

英国皇家空军A-36A

设计在机翼上的俯冲减速板可以增强A-36A俯冲时的稳定性，但也有飞行员认为安装俯冲减速板没有任何作用，在俯冲时，不会打开俯冲减速板，以避免俯冲减速板出现故障而带来危险。战后受访的飞行员却这样描述：我执行了94次任务，其中有39次是使用A-36A，时间是从1943年11月到1944年3月，我从来没有在俯冲时关闭俯冲减速板。然而，在战术侦察训练中，P-51A和A-36A出现了严重的飞行事故。在一段时间内的美国陆军航空兵飞行训练中，A-36A是每小时事故率最高的。最严重的一次是，当飞行员试图将正以724千米/时的速度俯冲的A-36A拉起来时，机翼脱落了。随后，作战部队限制A-36A的飞行员在攻击时，采用接近70°滑行攻击和不开启俯冲减速板进行俯冲。但经验丰富的飞行员经常忽略这些限制，在俯冲减速板修正之前，仍然使用这些战术。

A-36A作为俯冲轰炸机，机体坚固，俯冲攻击时投弹准确。到1943年5月下旬，已经有300架A-36A部署到地中海地区。第27和86战斗轰炸机大队在西西里战役期间积极参与空中支援，在攻击敌人阵地、火炮阵地、车辆中转站、后方集结地等方面及掩护盟军前进方面尤为出色。第27战斗轰炸机大队甚至发了一份请愿书，希望将自己的轰炸机命名为"侵略者"。尽管这个名字看起来比"野马"更合适，但军方并不认可，大多数战斗报告中仍称之为"野马"。德国人则称A-36A为"尖叫的地狱者"。

除了俯冲轰炸，A-36A也有空战战果，共计击落84架敌机。第27战斗轰炸机大队的中尉迈克尔·T.鲁索（Michael T. Russo）是使用艾利森发动机的"野马"战机的唯一王牌。随着战斗的进行，A-36A的损失率也开始增加，主要是因为大量的地面防空火力，以及意大利南部德军防线在山坡的反倾面上设置了高射炮。尽管A-36A因可靠的性能而闻名，但机身腹部的散热器/冷却系统是它的弱点（整个"野马"系列都是），这导致了许多飞机的损失。到1944年6月，A-36A在欧洲被柯蒂斯P-40和共和P-47"雷电"逐步取代。

装备A-36A的第311战斗轰炸机大队曾部署在中国—缅甸—印度战区。该大队于1943年夏末通过太平洋运到印度后，抵达印度汀江。有两个中队装备了A-36A，而第三个中队配备的则是P-51A，主要作战任务是侦察、俯冲轰炸、攻击地面目标及战斗巡逻。对于A-36A来说，它的主要对手就是日本的Ki-43"一"式战斗机。Ki-43虽然缺少装甲防护，油箱没有保护，但飞行高度高，机动性能好，反应灵活。A-36A因艾利森发动机高空性能不足，与其对战一直处于劣势。在缅甸的战斗机护航任务中，

3架A-36A被击落，没有取得击落敌机的战果。A-36A因发动机无法有效提供动力而无法完成飞越驼峰这样的远程任务。A-36A从1943到1944年一直属于二线机种。在美国国内，A-36A也只有少量服役，有的则被改为教练机。

但这并不能掩盖它为盟军战争胜利做出的重大贡献的事实。特别是在地中海作战期间，美国陆军第一航空队使用A-36，在攻击意大利一个由防空火力保护的大型铁路车站的行动中，罗斯·C.沃森中尉带领4架A-36通过云层接近目标，沃森的A-36在强烈的防空火力中被击伤。在飞机负伤的情况下，沃森坚持攻击并摧毁了弹药堆，然后成功地在盟军机场紧急降落。

1944年1月14日，第86战斗轰炸机大队的A-36

到二战结束时，A-36共生产了500架。

A-36A数据

基础数据

*乘员：1人

*长度：9.83米

* 翼展：11.28米

* 高度：3.71米

* 最大起飞重量：4535千克

* 动力装置：1台艾利森V-1710-87液冷活塞式V12发动机，功率988千瓦

性能

* 最大速度：590千米/时

* 巡航速度：400千米/时

* 航程：885千米

* 升限：7650米

武器

* 6挺12.7毫米M2勃朗宁机枪

* 炸弹：455千克

2.3 道格拉斯A-26"侵略者"

道格拉斯A-26"侵略者"（Douglas A-26 Invader）是由B-26发展而来的一种双发轻型轰炸机和对地攻击机，由道格拉斯飞机公司在二战期间制造，从二战结束后直到冷战时期还在服役。到1969年，它是美国空军在东南亚可携带其他飞机两倍载弹量的对地攻击机，同时，机头上还可以安装各种武器。

该机在生产时被重新指定编号，造成了A-26与B-26型号生产和使用上的混乱。马丁B-26"掠夺者"与道格拉斯A-26"侵略者"都使用普惠R-2800双黄蜂十八缸、双排星型发动机，但是两者构造完全不同。

A-26是道格拉斯A-20（DB-7）"浩劫"的继任者，也被称为"道格

拉斯波士顿"，是盟军空军在二战期间最成功的机型之一。

A-26由埃德·海涅曼、罗伯特·多诺万和特德·R.史密斯共同设计，A-26的NACA 65-215层流翼型机翼项目的创新者是空气动力学设计师A.M.O.史密斯。

道格拉斯XA-26原型机首飞于1942年7月10日，试飞员为本尼·霍华德。飞行测试显示出飞机优异的性能和良好的操控性，但也发现了一些问题，发动机的冷却问题会导致整流罩的形状发生变化，前起落架在强度上也有缺陷。

道格拉斯A-26"侵略者"（八枪机头）

A-26开始便有两种不同的配置。A-26B的机头最初配备12.7毫米M2勃朗宁机枪，20毫米和37毫米航空炮，甚至考虑过75毫米榴弹炮。通常情况下，机头装有6挺或8挺12.7毫米M2，正式名称为"多用途机头"，俗称"六枪机头"或"八枪机头"。后来在机翼里又加了6挺12.7毫米M2，加上机头上的，最多可达14挺勃朗宁机枪。A-26C机头部分和A-26B机头部分可以互换，非常容易变换机型。1944年底，约生产了820架带有新型机头的飞机，新的机头大大提高了可视性。

A-26B机组人员除飞行员外，前面的机组成员通常担任领航员和前机枪装填手。但A-26C的前面机组人员，则是担任领航员和投弹手。少数的A-26C装有双飞行控制系统，领航员在投弹时可以暂时替代飞行员控制飞机，调整飞机姿态，以便炸弹可以准确命中目标。在大多数的任务中，后面的机组成员担任操作机背或机腹遥控旋转炮塔的任务。

道格拉斯XA-26B"侵略者"

在太平洋战争期间，道格拉斯公司开始向美国陆军航空兵提供量产型A-26B。西南太平洋战区第五航空队首先接收了A-26B。1944年6月23日，第3轰炸机大队第13中队收到了4架A-26，用于作战评估。评估中发现A-26的发动机阻挡了驾驶员的视野，A-26因此被限制低空攻击。

第319轰炸机大队于1945年3月开始使用A-26，第3轰炸机大队与第319轰炸机大队直到1945年8月12日还有少量的A-26服役。

1944年9月下旬，道格拉斯A-26开始在欧洲服役，被分配给第九航空队。18架飞机分配到第386轰炸机大队第553飞行中队。1944年9月6日开始对飞机进行测试，在8次测试中没有飞机损失，第九航空队宣布，它很高兴用A-26取代所有的A-20和B-26。第一支完全装备A-26B的部队是第416轰炸机大队，并于11月17日投入战斗。第409轰炸机大队的A-26是在11月下旬开始装备的，由于A-26C轰炸型短缺，因此只能混合使用A-20与A-26。直到玻璃机头交付，才解决这一问题。除了轰炸和扫射，战术侦察、夜间遮断任务均顺利完成。相反于太平洋的使用，A-26在欧洲深受飞行员的一致好评，到1945年共执行11 567次任务，投下18 054吨炸弹，击落7架敌机，自身损失67架。

意大利第12空军大队的第47轰炸机中队在装备了A-26后，于1945年1月开始对德国的交通线进行破坏，同时也对德国的坦克和部队集结地进行攻击。

1947年，美国空军成为一个独立的兵种。美国的欧洲战略空军司令部直到20世纪60年代末还在使用重新命名的B-26（RB-26）。美国海军也使用了少量的A-26飞机，主要用于牵引靶机和一般用途上，直到被DC-130A取代。A-26在美国海军中的编号则是JD-1和JD-1D。这些飞机在美国海军一直服役到1962年。

道格拉斯A-26C
"侵略者"

中央情报局也使过这种飞机，主要用于秘密行动。1961年年初，约20架B-26B被转换成B-26C，拆除自卫武器，并配备了8挺机枪的机头、机翼挂架副油箱和火箭发射架。它们被空运到危地马拉中情局的基地，用来训练B-26、C-46和C-54的古巴流亡机组人员。飞机绘有古巴空军的标志。1961年4月15日，古巴流亡飞行员驾驶飞机袭击了古巴机场，企图摧毁在地面上的古巴作战飞机。1961年4月17日，B-26参加了古巴猪湾事件。

还有一些A-26被分配到美国空军国民警卫队中，直到1972年从空军国民警卫队退役，并捐赠给美国国家航空航天博物馆。

到生产结束时，A-26共生产了2452架。

A-26B-15-DL数据

基础数据

* 乘员：3人

* 长度：15.24米

* 翼展：21.34米

* 高度：5.64米

* 机翼面积：50米^2

* 最大起飞重量：15 900千克

* 动力装置：2台普惠R-2800-27双黄蜂星型发动机，每台功率1500千瓦

性能

* 最大飞行速度：570千米/时

* 最大航程：2300千米

* 升限：6700米

* 爬升率：6.4米/秒

* 翼载荷：250千克/米^2

* 功率/质量：108瓦/千克

武器

* 6或8挺12.7毫米M2勃朗宁机枪装在机头；2挺12.7毫米M2勃朗宁机枪装在透明机头

* 4个12.7毫米M2勃朗宁机枪双联机枪吊舱；3挺12.7毫米M2勃朗宁机枪装在每侧机翼上

* 1个双联机背遥控炮塔12.7毫米M2勃郎宁机枪

* 1个双联机腹遥控炮塔12.7毫米M2勃郎宁机枪

* 火箭：127毫米火箭发射架，每个机翼下5个

* 炸弹：2700千克，舱内可携带1814千克，外挂架上可携带907千克

2.4 道格拉斯A-1"天袭者"

道格拉斯A-1"天袭者"（Douglas A-1 Skyraider）是道格拉斯公司制造的一款单活塞引擎螺旋桨攻击机。"天袭者"服役时间相当长，从朝鲜战争至越南战争，1972年后才逐步被A-4、A-7等机种取代，完全退役则是在1985年。

A-1攻击机的开发从二战时便开始，设计概念与当时的日本帝国海军"流星"舰载攻击机类似。当时曾制造出杰出的SBD"无畏"式俯冲轰炸机的道格拉斯公司，推出了SB2D型攻击机。由于美国海军在起落架、自卫武器、发动机等细节部分上有特殊规格，结果SB2D出现了超重现象，未能满足美国海军的需求。

1943年后，美国海军开始接受单座、长程俯冲/鱼雷攻击机，SB2D在取消后座人员、尾部机枪，代号换为BTD"毁灭者"后，性能上虽然有所改善，但并不算是成功的改进。

BTD的失败，让道格拉斯感到失望，因此在1944年，道格拉斯向美国

海军提出取消BTD-1的量产计划，并打算用这些预算来设计一款新型攻击机。结果美国海军开出了一项很严苛的软钉子：隔天早上9点前提出设计草图。道格拉斯公司的工程师海涅曼在他的两位助手的协助下，奇迹般地在一个晚上绘制出了初步草图。美国海军决定取消BTD的量产。BTD只生产了数十架。

1944年7月6日，新型攻击机的原型编号为XBT2D-1。美国海军再度提出一个要求，要求在9个月内完成原型机的制造。对于这项要求，海涅曼和他的团队再一次渡过难关。海涅曼团队设计的XBT2D-1是以BTD-1为基础进行改进的。他们发现重量对飞机的影响极大，飞机重量每减轻45.36千克，起飞距离将会缩短2.44米，爬升速度每分钟增加5.49米，作战半径会增加35.41千米。因此，团队设计的目标就以对飞机减重为主。XBT2D-1因此使用了结构较简单的低单翼，机翼俯冲减速板挪到机身上（节省了31.75千克的重量），取消内部弹舱（节省了90.72千克的重量），改良燃油系统（节省了122.47千克的重量），恢复后三点式起落架……总共加起来，XBT2D-1共节省了近820千克的重量。

不只是空重降低，海涅曼本人在设计期间还亲赴

道格拉斯XBT2D-1
"天袭者"原型机

"提康德罗加"号航空母舰（CV-14）上，和航空队人员共事，了解前线需求，成功简化了XBT2D-1后勤维修的复杂度。

XBT2D-1于1945年3月18日出厂首飞，比原定的9个月交机时间还提前了。

1945年4月，飞机移交给美国海军航空测试中心进一步验收，此时，战争即将结束。在战争尚未结束前，美国海军先签订了BT2D"毁灭者"Ⅱ式500架以上的订单；后因1945年8月战争结束，订单暂被取消；再次下单时，已经只剩下277架。而XBT2D-1则继续在美军测试，直到1946年才开始量产，并在1946年6月改名为AD-1"天袭者"，于1946年底服役。虽然代号后来还有修改，但"天袭者"这个名便一直伴随着这架飞机直到退役。

A-1攻击机曾经在美国海军、海军陆战队、美国空军服役，此外，也在英国皇家海军、法国空军、南越空军服役。

A-1的设计哲学相当简洁、保守，就是一架拥有强劲动力的低单直翼单座攻击机，主要担任对地攻击任务。虽然A-1的数据并不出色，甚至不及BTD，但海涅曼与他的工程团队对这架飞机的关注力不小，主要集中在如何兼顾机体强度和防御力后仍能让飞机不断减重，这一做法让A-1具有了更多的操作优势。

虽然A-1飞行速度慢，但飞机航程远，还具有优异的低速控制及机动性，以及惊人的载弹量。1946年服役的AD-1可在15个挂点上携带3629千克的各型弹药，载弹量可以同执行轰炸任务的B-17轰炸机相媲美。这种高效率、低成本的攻击机，成为美军在喷气动力时代执行对地支援任务的致命武器，在直升机出现以前无竞争者能与之匹敌。也因此，美国海军先后淘汰掉P-51和F-4U，却长期找不到取代A-1的机型，只能一路用到越南战争。

美国海军VA-152攻击中队的A-1H"天袭者"

A-1H"天袭者"

AD-1Q"天袭者"

海军AD系列最初使用的颜色是湛蓝和海水蓝，在朝鲜战争期间，配色方案改为浅灰色（FS26440）和白色（FS27875），双色迷彩。1967年美国空军开始使用深绿、浅绿及棕褐色的三色伪装迷彩。

除了作为攻击机在朝鲜和越南服役外，"天袭者"还被改进成舰载电子战飞机、舰载空中预警机，甚至是夜间攻击机等多种型号。

A-1的海军型号是AD-1，AD-1Q则改成双座的电子对抗型。

之后又出现了AD-2，换装了功率为2000千瓦的莱特R-3350-26W发动机。AD-2Q是一款双座的电子对抗型。

AD-3加强了机身防护，改进了起落架并采用新设计的座舱盖。AD-3N是三座的夜间攻击型号，AD-3Q

是电子对抗型号，AD-3W则是舰载预警机。

AD-4进一步加强了起落架，改进了雷达与G-2导航系统，采用新的抗荷服，能挂载14个航空火箭发射巢，也能够携带23千克的炸弹。AD-4B可以携带核弹，AD-4N（A-1D）是一种三座的夜间攻击型号，AD-4Q是电子对抗型号，AD-4W是舰载预警机。

AD-5(A-1E)是扩大机体，两名飞行员可以并排坐。AD-5N(A-1G)是一种四座的夜间攻击型号，AD-5Q(EA-1F)是电子对抗型号，AD-5W(EA-1E)是舰载预警机。

AD-6(A-1H)是一种AD-4B改进挂载能力后的型号。

AD-7（A-1J）是最终量产型号，发动机被改成R-3350-26WB。机身结构

朝鲜战争期间，一架AD-4"天袭者"从美国海军"普林斯顿"号航母（CV-37）上起飞

美国海军"莱特"号航母（CV-32）上的一架AD-4W AEW正在降落

飞行中的海军陆战队VMA-331攻击中队的AD-5

CVW-9 联队的 AD-5Q 电子战飞机

美国海军第 42 攻击中队的 AD-6

进行了改进，以增加机翼抗疲劳寿命。

A-1 没有参加二战，在美国海军和美国海军陆战队的服役过程中参加了朝鲜战争（1950—1953 年），它的载弹量和 10 个小时的长时间飞行能力远远超过了当时服役的其他飞机。

1951 年 5 月 2 日，A-1 "天袭者" 攻击了朝鲜控制的华川大坝。

1953 年 6 月 16 日，美国海军陆战队 AD-4 击落一架苏制波-2 老式双翼飞机，这是 AD-4 在朝鲜战争中记载的唯一一次空战胜利。AD-3N 和 AD-4N 也曾经利用搭载的炸弹和照明弹进行过夜间攻击，还可以装备雷达干扰装置对陆基雷达进行电子干扰。

在朝鲜战争期间，"天袭者" 仅装备了美国海军和海军陆战队，并通常使用深藏青色迷彩。海军陆战队的"天袭者"在近距支援任务时遭遇过地面防空火力的攻击，导致飞机损失惨重。为了减少损失，"天袭者"开始增加额外的装甲防护，6.4～12.7毫米的装甲板安装在飞机机身的底部和侧面厚铝板的外部。该装甲组件重约280千克，对飞机的性能与操控都影响不大。

一共有 128 架美国海军和海军陆战队的"天袭者"损失在朝鲜战争中，其中在战斗中损失了 101 架，其他 27 架则是因为操

1958年美国海军"奇尔沙治"号航母（CV-33）上VAW-11预警机中队的 AD-5W

1965年10月，美国海军第25攻击中队（VA-25）的一架A-1H携带"坐便炸弹"

美国海军VA-176攻击中队的A-1J

作不当而损失的。大多数操作损失是由于"天袭者"的发动机功率巨大，在降落过程中飞行员没有及时减小"天袭者"的油门，导致飞机降落时发动机的扭矩过大，飞机绕螺旋桨旋转而撞到地面或航空母舰的甲板上。

1962年，A-1被升级成A-1J，美国空军和海军在越南战争中都使用过，主要作为近距空中支援飞机来使用。A-1J驾驶舱等重要部分都加有装甲，即使被地面防空炮火击伤仍能继续飞行。

20世纪60年代中期，A-6"入侵者"式攻击机开始取代A-1"天袭者"成为海军的主要攻击机，加入超级航母的空中攻击航空联队，然而A-1并未退役，而是转到较小的"埃塞克斯"级航母上加入空中攻击航空联队。

1964年8月5日，北部湾事件爆发。"天袭者"从美国"星座"号航母（CV-64）和"提康德罗加"号航母（CV-14）上起飞，参加了美国海军对"北越"的打击，成为参战的第一架美国飞机。"天袭者"攻击"北越"鱼雷艇和沿岸的5处设施。从"提康德罗加"号航母起飞的"天袭者"，一架被防空火力击中，但设法成功返回航母，另一架则被击落。

1965年6月20日，美国海军A-1"天袭者"击落两架"北越"空军（NVAF）米格-17战斗机，第7舰队的A-1"天袭者"则在越南丛林上空执行近距空中支援任务和常规攻击及电子对抗任务。

由于其飞行速度慢和续航时间长的特点，A-1成为伴随部队的理想护航和地面火力压制飞机。因为续航时间长，A-1可以对高炮进行精确压制，也可以长时间执行营救美军飞行员的救援任务。在A-1的帮助下，救援直升机成功营救了许多飞行员。A-1飞行速度慢，可以让飞行员有更多的时间搜索、判读地面目标。在丛林战中，A-1"天袭者"则携带凝固汽油弹或炸弹，发现目标之后，便向目标投掷凝固汽油弹或炸弹，压制地面目标及火力。美国空军特种作战司令部（AFSOC）也采购了A-1，用来执行特殊任务。

1966年3月10日，伯纳德·F.费希尔（Bernard F.Fisher）驾驶一架A-1E强行降落在越南阿肖谷特种部队营地的一条未使用的跑道上，救回了一名美国空军上校威廉·A.琼斯（William A.Jones）。尽管后者损失了自己的飞机并有严重烧伤，但他终于平安地回到基地，并汇报了费希尔的英勇事迹，费希尔因此获得了荣誉勋章。

1968年2月14日，VA-25飞行中队的中尉约瑟夫·P.邓恩（Joseph P. Dunn）驾驶的A-1H在中国的海南岛附近，被中国米格-17战斗机击落。邓恩的A-1H是美国海军在战争中失去的最后一架。此后不久，A-1在海军中被A-6"入侵者"、A-7"海盗"Ⅱ与道格拉斯A-4"天鹰"取代。

至1957年停产时，"天袭者"共生产了3180架。

A-1H数据

基础数据

*乘员：1人

*长度：11.84米

*翼展：15.25米

*高度：4.78米

*机翼面积：37.19米^2

*最大起飞重量：11 340千克

*动力装置：莱特R-3350-26WA星型发动机，功率2000千瓦

性能

*最大飞行速度：518千米/时（在5500米高度）

*巡航速度：319千米/时

*航程：2115千米

* 升限：8685米

* 爬升率：14.5米/秒

* 翼载荷：220千克/米^2

武器

* 炮：4门20毫米AN/M3航空炮

* 外挂点：15个外挂点，可容纳3600千克弹药，可以携带炸弹、鱼雷、非制导火箭弹、凝固汽油弹、集束炸弹、航空炮吊舱、雷达设备或电子干扰系统

2.5 道格拉斯A-3 "空中武士"

早在二战中，美国海军就开始探索使用喷气发动机的飞机从航母上起飞的概念，成功验证其可行性并得到进一步发展。

二战结束后，核武器开始发展。美国海军开始考虑舰载大型喷气式战略轰炸机，可携带核弹，具有战略核轰炸能力。

1947年，美国海军作战部发出了一份对舰载战略轰炸机的招标，要求该机能在新一代的超级航母上起降，可以提供4536千克载弹量，可挂核弹飞行3700千米，总重不能超过45 360千克。因为当时的核弹需要在飞行中手动解除保险，所以海军要求该机的座舱与弹舱相连。

新轰炸机将使美国海军具有前所未有的战略核打击能力，能够抢夺美国空军新型战略轰炸机的风头。道格拉斯A-3 "空中武士"（Douglas A-3 Skywarrior）应运而生，并成为迄今为止美国海军最大和服役时间最长的喷气式舰载机。A-3自1953年开始服役，1991年退役。退役后，大多数飞机发展成为电子战飞机、侦察机和空中加油机等型号。A-3还因体形庞大而获得了"鲸鱼"的称号。

美国海军和新成立的美国空军正在争夺战略核威慑任务，空军加紧推进B-36"和平缔造者"洲际轰炸机项目，海军则埋头于新一代超级航母和配套的舰载战略轰炸机。1948年8月10日，美国海军订购了超级航母的首舰——"美国"号。

由于担心美国海军在竞争中放弃超级航母，海涅曼决定把飞机的重量降到31 751千克以下，以便在"中途岛"级航母上起降。这样，即使超级航母被取消，也不会对舰载战略轰炸机造成太大影响。

1974年中国南海，美国海军舰载侦察VQ-1中队的EA-3B

1948年中期，道格拉斯提交的Model 593方案中，飞机重达30 844千克，而柯蒂斯的方案中，飞机重量高达45 359千克。北美航空退出竞争，因为他们认为重量低于45 359千克的飞机根本不可能满足设计要求。

尽管海军对道格拉斯的方案持怀疑态度，但还是和两家公司都签订了为期三个月的启动合同，以便他们对各自方案进行细化设计。1949年3月31日，美国海军宣布道格拉斯获胜，并授予该公司制造两架XA3D-1原型机和一架静力试验机的合同。

A-3在美国海军攻击机计划中原打算作为战略轰炸机使用。后来，美国从航母单一综合作战计划（SIOP）方面考虑，要对苏联进行高空突防已不再可行，美国海军的战略核威慑任务便移交给弹道导弹潜艇部队，A-3的任务也改为舰载战术空中侦察。

另一种A-3"空中武士"改进型是道格拉斯B-66（Douglas B-66），作为一种战术轰炸机、电子战飞机和侦察机，直到20世纪70年代还在美国空军服役。

A-3机翼角度为36°后掠翼，由两台普惠J57涡轮喷气发动机提供动力。早期的原型机曾期望用威斯汀豪斯的J40涡轮喷气发动机，后来证明这种发动机功率小，故障率高，不适合作为A-3的动力。A-3有一个非常传统的半硬壳式机身，发动机舱在机翼下。机翼可以折叠，折叠位置位于发动机的外侧。飞机内部油箱载油量大，具有远距离飞行能力。

XA3D-1的飞行员与投弹手/导航员（BN）、机务/导航员坐在三座座舱里，飞行员和投弹手/导航员并排坐在三座座舱的前部。飞行员的左舷有完整的飞行控制系统。第三机组成员是尾炮手，尾炮手面朝后坐在后部，负责控制尾部20毫米M3L航空炮（后期则用电子战系统代替）。3名机组成员通过前起落架舱后部的舱门进入座舱（后来电子侦察变种后，座舱可容纳7名乘员，包括飞行员、副驾驶员、领航员和4名电子系统操作员）。XA3D-1为了降低重量没有安装弹射座椅，乘员需要通过座舱后方的逃生滑道弃机跳伞。道格拉斯考虑到A3D是高空战略轰炸机，紧急弃机大多发生在高空，所以乘员应该有足够的时间离开座椅、钻入滑道跳伞。

但如果在低空发生紧急情况，机组就要听天由命了。以至于有人开玩笑说："A3D的编号就代表着'All 3 Dead'（所有三个死了）！"1973年1月21日在越南战场，一架EKA-3B被击伤后坠毁，乘员都没有来得及逃生，他们的遗孀为此状告麦道飞机公司的A-3不提供弹射座椅，轰动一时。相比之下，美国空军的B-66轰炸机则配备了弹射座椅。

A-3可执行常规轰炸和布雷的任务。后来，A-3"空中武士"则改成提供空中加油（KA-3B，EKA-3B）、照相侦察（RA-3B）、电子侦察（EA-3B）和电子战（EKA-3B）等角色。

参加越南战争的EA-3B舰队空中侦察VQ-1中队，从岘港空军基地飞到越南北方，包括"胡志明小道"和海防港，为该地区提供连续不断的电子侦察。机组和地面保障人员可以保障EA-3A从陆基基地起飞。1970年，挪威基地解散以后，基地改到关岛。VQ-1中队随航母战斗群部署在西太平洋和印度洋进行电子侦察（WESTPAC/IO）活动，直到20世纪80年代末，两个飞机中队的EA-3B被替换成洛克希德ES-3A。

1987年，美国海军"小鹰"号航母（CV-63）空中侦察VQ-2中队的EA-3B在降落

由A-3B改进的RA-3B在越南战争中被作为照片侦察机使用。美国海军第61重型摄影中队（VAP-61）和其姊妹中队（VAP-62）在东南亚地区进行测绘和情报搜集。RA-3B装备了12个精良的摄像头，以便在没有详细地图的地区进行地图制图工作。安装了红外传感器后，RA-3B可以在

晚上监视部队在老挝道路上的行动。

在越南战争期间，一部分 A-3 攻击机被改装成 KA-3B 加油机，而另一些则被改装成多用途加油机 EKA-3B。无须拆卸加油装备，EKA-3B 就能够干扰敌方的雷达，同时等待需要加油的战术飞机。后来，EKA-3B 被格鲁曼公司的 KA-6D "入侵者" 加油机替代。虽然 KA-6D 留空时间短，但其占用航母空间小，可以扩大航母上的航空联队的飞机数量。

1972 年越南，VAQ-135 中队的 EKA-3B 在给 VF-211 中队的 F-8J 加油

20 世纪 70 年代初，在加利福尼亚州成立了两个额外的海军后备部队——VAQ-208 和 VAQ-308 空中加油中队。这两个单位都使用了拆除电子设备的 EKA-3B，并将其重新命名为 KA-3B。VAQ-208 和 VAQ-308 中队在 20 世纪 90 年代初退役。

A-3D-2/A-3B 数据

基础数据

* 乘员：3 人

* 长度：23.27 米

* 翼展：22.10 米

* 高度：6.95 米

* 机翼面积：75.4 米^2

* 空重：17 876 千克

* 最大起飞重量：37 195 千克

* 动力装置：2 台普惠 J57-P-10 涡喷发动机。正常推力，每台 4763 千克；加力推力，每台 5625 千克

性能

* 最大飞行速度：982 千米/时（在 3050 米高度）

* 巡航速度：837 千米/时

* 最大航程：3380 千米

* 升限：12 495 米

* 翼载荷：422 千克/米^2

武器

* 航空炮：尾部遥控炮塔 2 门 20 毫米 M3L

* 炸弹：可携带 5800 千克的自由落体炸弹或地雷

  12 枚 230 千克 Mk82 炸弹

  6 枚 450 千克 Mk83 炸弹

  8 枚 730 千克穿甲炸弹

  4 枚 910 千克炸弹

  1 枚自由落体核弹

2.6 道格拉斯 A-4 "天鹰"

道格拉斯 A-4 "天鹰"（Douglas A-4 Skyhawk）是相对轻巧的飞机，最大起飞重量为 11 100 千克，最高速度超过 1080 千米/时。面对同时代战斗机不断上涨的重量趋势（如美国空军的 F-86 和美国海军的 F9F），道格

拉斯公司投资研究是否能扭转这一趋势，因为减轻重量在降低成本与提高性能上的好处是不言而喻的。

1980年，澳大利亚皇家海军航空兵VF-805中队的A-4G降落在"墨尔本"号航母上

道格拉斯的首席设计师海涅曼博士成立了一个团队，他们提出一种十分大胆的，仅3175千克重的喷气式战斗机设想，于1952年1月将初步研究成果提交给了海军航空署。海军方面表现出了很大兴趣，但因手头已有好几个战斗机项目，于是建议道格拉斯将同样的设计思想用于研制一种舰载攻击机上去，该机要能投掷核弹，最大速度804千米/时，作战半径555千米，907千克武器挂载能力，最大总重低于13 607千克。

两周后，海涅曼团队就完成了研究，飞机性能指标大大超过了海军的要求，全重仅5433千克，连海军规定上限的一半都不到，最大速度也达到965千米/时，作战半径超出1100千米。

道格拉斯被授权进行进一步的研究，在此期间按要求增加了航程，全重也相应提高到5625千克。飞机是下单翼布局，机翼为修形三角翼，四分之一弦长处后掠角33°，翼展仅8.38米，飞机总体尺寸小，因此不需要折叠机翼，节省了不少重量并简化了结构。

机翼有3根一体式翼梁，并沿顺翼展方向铺设强化蒙皮。三角翼内部形成一个单体盒状结构，并安装有内部油箱，但内部油箱较小。后缘有开裂式襟翼，翼梁之间的空间大部分被2120升的内部油箱所占据。

飞机安装有常规十字形尾翼，平尾可以电动调整角度，以便在飞行中调整配平。后机身两侧各安装有一片大型减速板。主起落架固定在机翼后缘内侧，没有穿透主翼梁，缩回时，只有机轮本身旋转90°后纳入机翼起落架舱。起落架支柱被安置在机翼下方的整流罩内。前起落架向前收入机鼻下方。之所以把起落架都设计成向前收起，是因为起落架解锁后，在气流的阻力下可以自动伸展到位，省去了起落架应急放下装置。起落架长而纤细，提供了起飞时足够的离地净高。座舱盖为蛤壳状，通过铰链向后打开。座舱内配备了弹射座椅。

1952年2月，道格拉斯通过了初步的全尺寸模型审核，同年6月12日获得制造一架原型机的合同。军方型号XA4D-1，原型机的资金来源于已经取消的A2D"天鲨"。

1952年10月，道格拉斯通过了最终的全尺寸模型审核，这时海军已经定购了9架生产型飞机，很快又增加到19架。道格拉斯公司赢得为美国海军与陆战队制造一款新的轻型喷气式攻击机的合约，原型机为A4D，最初被设计用来作为美国海军航空母舰的舰载攻击机。

A-4于1954年首次飞行，至今已过60多年，在越南战争中扮演着关键的角色，亦参加过马岛战争、第四次中东战争，目前在世界各地还有数百架A-4"天鹰"攻击机服役。本来是以攻击机为设计方向，并不是以战斗机设计为出发点的，但因为它的飞行性能非常卓越，且重量轻，只有5.4吨左右，所以也可作为高级飞行员训练机。与F-14"雄猫"战斗机或

1967年11月，"奥里斯卡尼"号航母（CV-34）VA-164攻击中队的A-4E

1975年，美国海军"蓝色天使"飞行表演队的A-4F"天鹰"

A4D-2（A-4B）为F8U-1P（RF-8A）侦察机加油

F/A-18"大黄蜂"进行飞行训练时，机动性不分上下。美国海军的空中特技表演团"蓝色天使"也曾使用过A-4来做特技表演。

A-4率先推出"伙伴"空对空加油的概念。A-4可以为其他飞机提供油料，减少了对专用加油机的依赖，A-4可以为在起飞时挂载大量武器或装有少量油料的飞机，提供远程飞行所需的油料，或者为执行战斗巡逻与飞行任务结束后返航的飞机补充油料。这样大大提高了操作的灵活性，同时减少了需要空中加油飞机的远程飞行故障率。加油型A-4无武器挂载，在中央挂点上挂有带尾部加油软管卷盘和大容量的副油箱。在空中加油时，A-4使用飞机机头右舷上固定的加油探头从加油机的油箱中接受油料。

A-4是二战后一种比较常见的出口型美国海军飞机。对20世纪60年代海军规模较小的国家来说，A-4体积小，且可以从旧的、较小的二战时期的航母上起降。这些旧航母往往无法适应新的重型海军战斗机，如F-4"鬼怪"II和F-8"十字军"，它们虽然比A-4飞行更快，挂载量也大，但飞机体形和起飞重量也比A-4大。

A-4最早使用在越南战争中，是当时美国海军的主要轻型攻击机，后来被A-7"海盗"II攻击机所取代。1956年，美国海军A-4开始携带AIM-9"响尾蛇"近程空空导弹，提高了A-4在攻击任务中遭遇敌方战斗机拦截后的生存能力。

1967年5月1日，少校西奥多·R.斯沃茨（Theodore R. Swartz）驾驶A-4C用火箭弹击落了一架"北越"空军的米格-17战斗机。

20世纪60年代中期，A-4B被分配到"埃塞克斯"级航母上，作为日间战斗机用以保护反潜机。这些飞机保留了对地面和海上目标的攻击能力，但没有空对空雷达，所以只能靠目视或地面引导来识别空中目标。后来A-4也加装了雷达，扮演了类似格鲁曼公司的E-1预警机的角色。

澳大利亚、阿根廷和巴西的航母较小，是由二战航母改装而来的。甲板面积小，无法起降重型战斗机，A-4则作为主要的战斗机和攻击机使用，武器包括内部20毫米柯尔特航空炮，可携带2枚AIM-9"响尾蛇"空空导弹，后来增加挂点之后可携带4枚AIM-9"响尾蛇"空空导弹。

在美国海军服役的A-4作为一个培训和假想敌飞机的使用持续到20世纪90年代，但海军从1967年就开始逐步退役前线攻击中队的A-4，至1976年全部完成退役。

A-4B

A-4B加强了飞机的空中加油能力；改进了导航和飞行控制系统；可挂载AGM-12"小斗犬"空地导弹。共生产了542架。

A-4C

A-4C是夜间/复杂天气改进型。它加装了AN/APG-53A雷达、自动驾驶仪、LABS低空轰炸系统；安装了莱特J65-W-20发动机，推力3719千克。共生产了638架。

"奇尔沙治"号航母（CV-33）上VA-146攻击中队的A-4C

A-4E

A-4E安装了新的普惠J52-P-6A发动机，推力3810千克；增加2个武器挂架（总共5个挂架）；改进航空电子设备，换装了塔康天线、多普勒导航雷达、雷达高度表、轰炸计算机和AJB-3A低空轰炸系统。后来又换装了普惠J52-P-8发动机，推力4218千克。共生产了499架。

A-4F

A-4F与A-4E基本想同，但在机身脊柱处安装了一个驼背，里面安装了新的航空电子设备（A-4E和部分A-4C也按此标准进行了改装）；发动机则更换成更强大的普惠J52-P-8A，推力4218

千克。后又升级为普惠 J52-P-408 发动机，推力 5080 千克。共生产了 147 架。1973 年至 1986 年在"蓝色天使"飞行表演队服役。

A-4M"天鹰"Ⅱ

海军专用型。改进了航空电子设备；发动机升级为普惠 J52-P-408；换装了新的敌我识别系统。后来安装了休斯 AN/ASB-19"角速率"轰炸系统（ARBS），可以使用电视和激光制导炸弹。共生产了 158 架。

1972 年，美国海军"汉考克"号航母（CV-19）上的 A-4F

A-4 生产到 1979 年，共生产了 2960 架，包括 555 架双座教练机。

美国海军陆战队 VMA-322 攻击中队的 A-4M

A-4F 数据

基础数据

*乘员：1 人

*长度：12.22 米

* 翼展：8.38米

* 高度：4.57米

* 机翼面积：24.15米²

* 空重：4750千克

* 最大起飞重量：11 136千克

* 动力装置：1台普惠J52-P-8A涡轮喷气发动机；后期普惠J52-P-408发动机

性能

* 最大飞行速度：1083千米/时

* 航程：3220千米

* 作战半径：1158千米

* 升限：12 880米

* 爬升率：43米/秒

* 翼载荷：344.4千克/米²

* 推力/重量：0.51

* G-限制：+ 8 / -3G

武器

* 航空炮：2门20毫米柯尔特Mk12航空炮

* 外挂点：4个翼下和1个机身挂架,最多可容纳有效载荷4490千克

* 火箭：4个LAU-10火箭吊舱（每个4枚127毫米Mk 32祖尼火箭）

* 导弹：

   4枚AIM-9"响尾蛇"空空导弹

   2枚AGM-12"小斗犬"空地导弹

   2枚AGM-45"百舌鸟"反辐射导弹

   2枚AGM-62"白星眼"制导滑翔炸弹

1993年，美国法伦海军航空基地VFC-13假想敌中队的A-4F

2枚AGM-65"小牛"空地导弹

*炸弹：

6枚"石眼"II Mark20集束炸弹

6枚"石眼"II Mark7 / APAM-59

Mk 80系列非制导炸弹（含3千克、14千克教练弹）

B43核弹

B57核弹

B61核弹

2.7 北美A-5"民团团员"

北美A-5"民团团员"（North American A-5 Vigilante）是北美航空为美国海军设计的一架先进的超声速攻击机，设计之初主要是为了对敌人的目标进行战术核打击，后期则改为战术侦察机使用，曾经在越南战争中

知识卡

空空导弹

空空导弹（AAM）是指从航空器上发射用于攻击空中目标的导弹。空空导弹飞行速度快，主要作为歼击机、武装直升机的攻击武器，也可作为轰炸机等飞机的自卫武器。按作战任务，空空导弹可分为格斗空空导弹和拦射空空导弹。格斗空空导弹是由航空器从空中发射，主要攻击目视距离内空中目标的空空导弹。拦射空空导弹是由航空器从空中发射，主要拦截较远距离空中目标的空空导弹。

空地导弹

空地导弹（AGM）是指从飞机或直升机上发射用于攻击陆地目标的导弹。一般由战斗部、导引头、动力装置、控制系统和弹体组成。按作战使用，空地导弹可分为战略空地导弹和战术空地导弹；按气动外形和弹道特征，可分为弹道式空地导弹和有翼式空地导弹。

承担战术侦察、战果确认等任务。

二战结束之后，面对苏联强大的核战争压力，美国海军希望能装备一种新的飞机，用于投放核武器。随着20世纪50年代航空工业的迅速发展，亚声速飞机被淘汰，新的舰载重型超声速攻击机开始出现。

1953年，北美航空开始私人研究舰载、远程、全天候超声速攻击轰炸机，能够运载核武器，并能以超声速的速度飞行。1955年，美国海军接受北美通用攻击武器（NAGPAW）的概念。

1956年8月29日，北美航空和美国海军签订合同。两年后的1958年8月31日，A-5的雏形在美国俄亥俄州哥伦布市实现首飞。

1963年，YA-5C原型

A-5的设计思路非常先进，采用当时最先进的航空电子技术。A-5采用悬臂式上单翼，后掠角为37.5°，襟翼用液压控制操纵，外翼段、垂直尾翼和机头雷达罩可以折叠以节省空间。

A-5的机身为半硬壳结构，发动机位于座舱之后，靠近发动机的一些机体部件采用钛合金，为了防止过热，部分钛合金蒙皮还镀金，以反射辐射热量。采用可变截面进气道和伸缩式空中受油管（初期有双垂尾设计，但海军没有采用），安装有边界层控制系统（吹襟翼），来改善并优化低速飞行状态。

A-5的低速着陆性能很好。由于没有副翼，滚动控制由扰流板结合全自动尾翼差速偏转提供。发动机为两台通用电气公司的 YJ79-GE-2，和 F-4 "鬼怪" II 战斗机的发动机一样。设计飞行最大速度为 2 马赫。

尽管美国海军将 A-5 评价为重型攻击机，但这样大型的飞机，它的敏捷性令人十分惊讶。如果没有炸弹或导弹的阻力，在高、低空地区，护航战斗机发现，光滑的机身和强大的发动机使 A-5 的突防速度非常快。但着陆时，却要以大迎角低速飞行，这对驾驶员是一个挑战。为了减少投放核弹后的逃逸飞机阻力，北美航空的设计人员没有把核弹挂在外挂点上，而是把 Mk28 核弹放在两台发动机中间的内置弹仓内。弹仓体积很大，除了核弹之外，还能装 3 个副油箱。这个内置弹仓舱口在飞机的尾部，投弹时，需要用火药气体将核武器从机尾弹出。在实际使用中，这种投弹方式非常不可靠。

A-5 最初有两个机翼挂架，主要用于挂副油箱。A-5B 则开始整合外部油箱，增加了内部油箱，机体背部明显隆起，这是因为加装了油箱的缘故；同时襟翼面积变得更大，边界层控制技术也进一步强化，发动机引气不只吹在襟翼上，而是能够吹到整个机翼表面；两个机翼下方各加装了 2 个武器挂架，每个挂架可以挂载 943 千克的武器。进气道、起落架和起落架刹车系统也做了改进。在实践中，外挂点很少使用。

RA-5C "民团团员" 侦察机

为了使A-5在执行核打击任务后有更充分的逃逸时间，北美航空打算在A-5上装一台使用航空燃油和强氧化剂的火箭发动机，但是美国海军不愿意在航母上携带易爆的强氧化剂，所以这个计划也就没有执行下去。

A-5座舱两个成员前后串列，使用HS-1火箭弹射座椅、电传操纵系统、平视显示器（HUD），以及早期的数字计算机。飞行员有良好的前向视野，后座的轰炸/导航员只有两个侧舷窗。

A-5早期服役时，先进的系统有许多磨合问题。技术还处于起步阶段，系统复杂，可靠性较差。不过，大多数可靠性问题最终被维修人员解决，获得了改进系统设备的更多经验，但A-5在服役过程中维修频繁。

A-5服役期间，美国海军的战略政策发生了重大改变，开始强调潜射弹道核导弹，而不是有人驾驶核攻击机。其结果是，1963年，已经采购的A-5被改装成快速侦察机。

侦察型的RA-5C，稍加大机翼面积，前向电视摄像机保留了下来，机身下加入一个长独木舟状传感器整流罩。增加了一个APD-7侧视机载雷达（SLAR）、AAS-21红外线扫描仪和相机包，以及改进的电子对抗（ECM）系统和AN／ALQ-61电子情报系统。RA-5C保留了AN/ASB-12轰炸系统，理论上有携带武器的能力。RA-5CS将发动机改装为推力8119千克的J79-10。尽管侦察型增加了重量，但和早期的机型比起来，发动机推力更大，机翼也有放大，水平飞行速度更快，加速和爬升率没有

1979年，RVAH-7舰载重型侦察攻击中队的RA-5C

太大变化。

A-5 和 RA-5C 是性能不错的攻击机，但操作复杂，维修费昂贵，而且飞机巨大的体积会占据大量宝

1962年,美国海军"企业"号航母(CVN-65)VAH-7攻击中队的A-5A

贵的飞行甲板和机库甲板空间，减少了航母飞机搭载数量。

A-5A数据

基础数据

*乘员：2人

*长度：23.32米

*翼展：16.15米

*高度：5.91米

*机翼面积：65.1米²

*空重：14 870千克

*最大起飞重量：28 615千克

*动力装置：2台通用电气J79-GE-8加力涡轮喷气发动机。正常推力，每台4944千克；推力加力，每台7711千克

性能

*最大飞行速度：2450千米/时（在12 200米高度）

* 作战半径：2075千米

* 最大航程：2909千米

* 升限：15 880米

* 爬升率：40.6米/秒

* 翼载荷：308.3千克/米^2

* 推力/重量：0.72

武器

* 炸弹：

   1枚Mk27核弹、B28或B43自由落体核弹（内部武器舱）

   2枚B43、Mk 83或Mk 84炸弹（两个外部外挂点）

航空电子

* AN / ASB-12轰炸和导航雷达（A-5，RA-5C）

* AN / APD-7侧向空中监视雷达（RA-5C）

* AN / ALQ-100 E / F / G / H波段雷达干扰机（RA-5C）

* AN / ALQ-41 X波段雷达干扰机（A-5，RA-5C）

* AIL AN / ALQ-61无线电/雷达/红外接收器的ECM（RA-5C）

* ALR-45 "COMPASS TIE" 2-18 GHz的雷达告警接收机（RA-5C）

* AN / APR-27 SAM雷达告警接收机（RA-5C）

* AN / APR-25 S / X / C波段雷达探测和寻的设置（RA-5C）

* AN / APR-18电子侦察系统（A-5，RA-5C）

* AN / AAS-21红外侦察摄像机（RA-5C）

2.8 格鲁曼 A-6 "入侵者"

格鲁曼A-6"入侵者"（Grumman A-6 Intruder）是一架由格鲁曼公司

生产的双引擎、亚声速攻击机，是美国海军、海军陆战队在1963年至1997年间使用的全天候中型舰载攻击机，用以取代使用活塞发动机的A-1"天袭者"攻击机。

有鉴于A-1攻击机在朝鲜战争中的出色表现，已经装备的A-3和A-5舰载攻击机主要目的是核打击，相比之下缺少常规的攻击机，美国海军于1955年提出一款舰载全天候对地攻击机的初步需求案，并于1956年10月正式对外公开性能要求。此种攻击机必须装备先进而全面的航电武器系统，从而保障全天候低空突防能力、短距起降能力，可携带较大的有效载荷并准确地向目标进行投送。要求该机为双座布局，最大速度不低于926千米/时，作战半径不低于556千米。

该案需求书发送给贝尔、波音、道格拉斯、格鲁曼、洛克希德、马丁、北美航空和沃特等飞机公司。经过海军评估，最终格鲁曼公司中选，于1958年2月赢得开发合同。

第一架原型机YA2F-1于1960年4月19日首次试飞，发动机喷口原先设计为可以向下偏转，以缩短起降距离，但在原型机和实际量产机型中都没有这项功能。座舱采用不常见的两片挡风玻璃以及并肩式的座位安排，驾驶员坐在左侧，投弹/导航员坐在右侧稍低的位置。CRT屏幕可以显示合成之后的前方地形，使它能在各种天气条件下进行低空飞行。

YA2F-1显示出原始倾斜尾管

该机采用大面积中等后掠（1/4弦长处为25°）的悬臂式中单翼。机翼前缘装有全展长缝翼，后缘装有近似全展长的襟翼，没有常规副翼。横向动作在低速时依靠襟翼（此时当作"襟副翼"）差动，高速时依靠机翼上表面的一系列扰流板来控制。机翼在1/3翼展处安装有铰链，外翼段可向上折叠以节省航母甲板占用面积。攻击型武器都挂载在外部挂架上，每侧机翼下方有2个挂架，机腹中线还有一个挂架。该机没有安装航空炮。

与当时的超声速战机相较，A-6仅能亚声速飞行。因此，A-6的机翼在亚声速时效率非常高。A-6的机翼能携带各种类型的弹药，这种机翼和起落架的设计后来也被用在格鲁曼F-14"雄猫"式可变后掠翼超声速战斗机上。同时A-6也装有减速板，位于机翼末端。两片减速板可向上方和下方张开，以降低飞机速度。

以当时的标准，格鲁曼方案的最先进之处就是装有先进的全天候电子系统，球状机鼻可容纳大型雷达设备，被命名为数字化综合攻击导航设备（Digital Integrated Attack Navigation Equipment,DIANE）。该先进系统的基础是大型雷达罩内的两部雷达天线，一部是诺顿AN/APQ-92搜索雷达天线，另一部是单独的AN/APG-46跟踪雷达。另外该系统还包括AN/ASN-31惯导系统、AN/

美国海军"约翰·肯尼迪"号航母（CV-67）上的S-3A、A-6E和EA-6B在风暴期间停放在甲板上

APN-122多普勒导航雷达、利顿AN/APQ-61弹道计算机、AN/APN-141无线电高度表、AN/ASQ-57综合电子控制，以及自动测向器、塔康战术导航系统和敌我识别系统。

1980年，VA-52攻击中队的A-6E

A-6的航空电子系统整合得出奇精致，要找出设备失常的问题，需要庞大的维护资源。为了解决这个问题，A-6配有自动检测系统（Basic Automated Checkout Equipment，BACE），这是最早为飞机开发的计算机分析设备。此系统有两个级别：一个是Line BACE，在机库或机场用来找出失效的系统；另一个是Shop BACE，供维护厂测试并分析个别失效的系统。BACE系统大幅减少单位飞行时数所需的维护工时。这是评估维持军用飞机所需成本与资源的重要指标。

A-6的最初设计是围绕着复杂而先进的内置数字化攻击/导航集成设备，旨在提高在任意高度上，夜间和恶劣天气条件下轰炸的准确性。但它遇到了无数的磨合问题，当可以可靠使用时，已经是A-6服役多年之后的事了。

A-6除传统攻击能力外，设计上也可以携带

知识卡

格鲁曼航空航天公司

格鲁曼航空航天公司(Grumman Aerospace Corporation)是美国主要的航空航天器制造商之一。1929年由里洛易·格鲁曼和佳克·斯沃布尔创建。1994年同诺斯罗普公司合并成为诺斯罗普·格鲁曼公司。二战期间，格鲁曼为美国海军生产舰载机，如F4F"野猫"、F6F"地狱猫"等。二战结束后，推出F7F"虎猫"战斗机、F8F"熊猫"战斗机、F9F"黑豹"战斗机和F11F"虎"式战斗机。1960年陆续推出A-6"入侵者"攻击机、C-2"灰狗"运输机与E-2空中预警机。1970年以F-14"雄猫"战斗机回到了舰载战斗机市场。格鲁曼还是阿波罗登月计划的主要参与者，共制造了13个登月舱。

核弹，但该功能从未使用过。事实上，从B-29之后就没有飞机在战争中投掷过核弹。A-6是由低空进入的攻击机，如果投射原子弹则必须采用特殊的方法——上抛投弹的方式。A-6将以高速低空接近目标，接近攻击标的时，驾驶员会将飞机改为大角度爬升，并在爬升过程中按电脑计算的位置释放核弹。核弹因为惯性的关系，仍会继续向前、向上运动。此时，驾驶员会用更陡的角度继续爬升，直到飞机翻转朝向它先前来时的方向，然后用最大速度原路返回。核弹爬升至最高点后，会朝目标方向坠落，最后在预先设定的高度引爆。此时飞机离爆炸点至少数千米之远，并以最高速度脱离，在核爆的震荡波到来之前离开战场。

A-6能够在任何恶劣的天气中，以超低空飞行，穿过敌军的搜索雷达网，准确地摧毁敌军阵地目标。在越南战争、海湾战争中，都能够见到它的身影，这得益于DIANE是当时最有能力的导航/攻击系统。虽然现在A-6已退出美军现役的作战序列，但由A-6所改装的电子作战机EA-6B，仍旧活跃于美国海军的航空母舰之上。

A-6A

A-6A在风挡前方安装了固定式空中加油探杆。A-6A最初配备普惠J52-P-6A涡轮喷气发动机，后来改装了增加推力的J52-P-8A。有4个翼下挂架和1个机身挂架，能挂8200千克。除可挂炸弹外，还可挂"小斗犬"空地导弹或副油箱。A-6A共生产了480架（不包括原型和

1975年，美国海军陆战队 VMA（AW）-242 全天候攻击中队

预生产型）。

A-6B

为了给美国海军中队提供防空压制的飞机，专门攻击敌方防空雷达和防空导弹系统，美国海军在 1967 年将 19 架 A-6A 转换为 A-6B，它有标准攻击系统的探测和跟踪敌方雷达站点的专业设备，并引导 AGM-45

"百舌鸟"和 AGM-78"标准"反辐射导弹攻击无线电信号源。AN/APQ-103 雷达取代了早期 A-6A 使用的 AN／APQ-92，AN／APN-153 导航雷达取代了 A-6A 原先使用的 AN／APN-122。A-6B 的典型挂载是 2 枚"百舌鸟"和 2 枚"标准"反辐射导弹，机腹中线挂架挂载副油箱。

A-6C

1970 年，12 架 A-6A 被改装成 A-6C，用以探测、跟踪并攻击"胡志明小道"上的敌方夜间活动。它们配备了"路线/道路封锁多种传感器"（TRIM），在机翼下的吊舱中安装有 AN/AAS-28A 前视红外系统（FLIR）和微光电视系统，以及一个"黑乌鸦"测试系统，有利于发现夜间活动的目标。雷达也进行了升级，AN／APQ-112 取代了 A-6B 的 AN／APQ-103，用 AN／APN-186 导航雷达取代了早期 A-6B 的 AN／APN-153，AN／APQ-

知识卡

反辐射导弹

反辐射导弹（ARM）是指军用飞机发射的，攻击陆地或海上敌人无线电发射来源的一种导弹。反辐射导弹的引导头会搜索指定的一种或者多种讯号来源，经过大量的无线电讯号的识别与分析，从中找出有价值的讯号特征，处理之后成为反辐射导弹的摧毁依据。即使有了讯号特性也不能保证反辐射导弹就能够成功摧毁目标。这中间牵涉到情报的搜集、讯号辨别与方向定位、目标距离的掌握及大气环境与欺骗手段等的影响。这需要专业的电子作战系统的协助才能提高摧毁效果。

VA-35攻击中队的A-6C

127雷达取代早期A-6A与A-6B的AN／APG-46火控雷达，极大地提高了雷达的性能。有些飞机在战斗中被击落，剩下的在越南战争结束后按照A-6E的标准进行了升级。

KA-6D

KA-6D是"入侵者"的空中加油型,由A-6A改装而来。KA-6D安装了内置软管—绞盘式加油套件,后机身下方增加了用于容纳锥套的漏斗形整流罩。

1987年,KA-6D给F-14A进行空中加油

除此之外,该机还可在机腹挂架挂载D-704加油吊舱,由吊舱头部的冲压空气涡轮提供动力。KA-6D去掉了雷达和大多数的DIANE设备。

A-6E

A-6E共生产了445架。1979年9月,A-6E安装了AN/AAS-33DRS探测和测距一体的目标识别与攻击多路传感器（TRAM）,该系统装在小型的陀螺稳定圆形转塔内,安装在飞机机头下部的前起落架之前,其红外传感器具有探测和跟踪目标的能力，并且具备为激光制导武器指示目标的能力。安装了新型 AN/ASQ-155 计算机和新型的 AN/APQ-156 雷达。可以同时使用 TRAM 图像和雷达数据进行精确的攻击，或使用单独的传感器而无须使用雷达（这可能会被目标的雷达告警装置接受）进行攻击。此外，使用空中移动目标指示（AMTI），使得飞机可跟踪移动目标（如坦克或卡车），并注意目标动向。计算机系统允许使用偏移目标点（OAP）预测目标动向，机组人员将已知目标的坐标和偏移距离与方位输入计算机，通过雷达搜索并显示在屏幕上。

20世纪80年代，A-6E 的 TRAM 被转换为 A-6E WCSI（武器控制系统的改进版），增加了额外的武器挂载能力，还增加了精确制导武器，如 AGM-84 "鱼叉" 导弹、AGM-123 导弹等。使用 AGM-84E "斯拉姆" 防区外对地攻击导弹时，在目标附近需要进行目标指导，引导 AGM-84E "斯拉姆" 摧毁目标。20世纪90年代初，A-6E 进行了 SWIP（系统/武器改进计划）升级，使它们能够使用最新的精确制导弹药，包括 AGM-65、

1996年，美国海军"乔治·华盛顿"号航母（CVN-73）上 VA-34 攻击中队的 A-6E 正弹射起飞

AGM-84E、AGM-62和AGM-88反辐射导弹。

EA-6B

格鲁曼共生产了170架EA-6B，其中不少是从EA-6A改进而来的。美国海军陆战队需要一个新的ECM平台，以取代老化的F3D-2Q。EA-6A于1963年4月首飞，它装有AN／ALQ-86 ECM套件，大多数电子系统含在垂直尾翼上面的核桃状吊舱里。装备了AN／APQ-129火控雷达，理论上能够发射AGM-45"百舌鸟"反辐射导弹（实际没有挂载过），导航雷达为AN／APN-153。

EA-6B进行了全面的系统升级，EA-6B的导航雷达升级为AN／APN-153。美国国防部决定让美国海军处理所有的电子战任务。EA-6B"徘徊者"虽然还在服役，但正逐渐被EA-18G"咆哮者"取代。

A-6E在退出作战序列后，其精确攻击任务由携带激光制导吊舱的F-14所暂代。最后，舰载对地攻击任务正式交给F-18E/F战斗攻击机。

A-6E数据

基础数据

* 乘员：2人

* 长度：16.64米

* 翼展：16.15米

* 高度：4.75米

* 机翼面积：49.15米^2

* 空重：11 630千克

* 最大起飞重量：27 500千克

* 动力装置：2台普惠J52-P-8B涡轮喷气发动机，每台推力4218千克

* 零升阻力系数：0.0144

性能

* 最大飞行速度：1040千米/时

* 航程：5222千米

* 升限：12 400米

* 爬升率：38.7米/秒

* 翼载荷：515.7千克/米^2

* 升阻比：15.2

武器

* 外挂点：共5个，机翼下4个，机身1个，可挂载8170千克弹药

* 火箭：

70毫米火箭吊舱

127毫米火箭吊舱

* 导弹：

AIM-9"响尾蛇"空空导弹

AGM-45"百舌鸟"反辐射导弹

AGM-62"白星眼"制导滑翔炸弹

AGM-65"小牛"空地导弹

AGM-84"鱼叉"反舰导弹

AGM-88"哈姆"反辐射导弹

* 炸弹：

113千克Mk81炸弹

226千克Mk82炸弹

455千克Mk83炸弹

907千克Mk84炸弹

340千克Mk117炸弹

MK 20 II "石眼"集束炸弹

CBU-89 "加图尔"集束炸弹

340千克Mk77燃烧弹

GBU-10 "宝石路"II激光制导炸弹

GBU-12 "宝石路"II激光制导炸弹

GBU-16 "宝石路"II激光制导炸弹

B43核弹

B57核弹

B61核弹

B83核弹

各种空投地雷

各种空投水雷

2.9 沃特 A-7 "海盗" II

沃特A-7"海盗"II（Vought A-7 Corsair II）是一种以F-8战斗机为蓝本开发，用以取代A-4"天鹰"攻击机的亚声速轻型攻击机。A-7虽然原本仅针对美国海军航母起降而设计，但因其性能优异，后来也获美国空军、美国空中国民警卫队接纳使用，取代A-1"天袭者"攻击机、北美F-100及共和F-105战斗轰炸机。自1970年至1980年年底，A-7亦外销希腊、葡萄牙与泰国，作为陆基攻击机使用。A-7攻击机机体设计源自F-8"十字军"超声速战斗机，配有现代化平视显示器、惯性导航系统（INS）与涡扇发动机。

2014年年底，希腊的A-7退役，至此，全球不再有A-7服役。

1962年，美国海军竞标寻求一种单座轻型攻击机，用来取代道格拉

斯 A-4 "天鹰" 攻击机，首
要任务是投送常规武器而不
是核武器，并且规定服役时
间不晚于 1967 年。海军对低
成本飞机感兴趣，为了节省
经费，没有要求该机要有超
声速性能。为了最大限度地
降低成本，所有提案都要求
必须基于现有的设计。沃

特、道格拉斯、格鲁曼和北美等公司都提交了自己的
设计。沃特公司于 1964 年 2 月 11 日中标，并在 3 月 19
日收到一份合同，飞机被指定编号为 A-7，俗称 "海
盗" II。沃特建议攻击机设计采用成功的 F-8 战斗机
方案。同 F-8 战斗机相比，A-7 的机身更短，外形更
宽大，且加大了翼展，增加了外翼段副翼，省略了
F-8 可变角度机翼，增加了挂架，更换了电子设备。

　　A-7 装有一台普惠 TF30-P-6 涡轮风扇发动机，
可产生 5146 千克的推力，同 F-111 战斗轰炸机和早期
的 F-14 "雄猫" 相同，但没有超声速的加力。A-7
的航电和火控系统（FCS）在当时是相当先进的，在
A/B 型上就使用了具有地形跟踪和地形回避能力的
AN/APQ-116 地形跟踪雷达，在 E 型上则又有相当程
度的提高。A-7E 的航电和火控系统主要包括 AN/
APVQ-7（V）平显、AN/APQ-126（V）地形跟踪雷达、AN/
APN-190 多普勒雷达、AN/ASN-91 火控系统、CP-953/

知识卡

沃特飞机工业公司

　　沃特飞机工业公司（Vought
Aircraft Industries）是
美国主要的航空航天器制造
商之一。1917 年由沃特和
刘易斯创建。著名的产品有
F4U "海盗" 战斗机、XF5U "飞
行薄饼" 验证机、F7U "弯刀"
及 F-8 "十字军" 战斗机、
M270 多管火箭炮（MLRS）、
SSM-N-8/RGM-6 "天狮星"
超声速巡航导弹、SSM-N-9/
RGM-15 "天狮星" II 超声速
巡航导弹、AGM-135 反卫星
导弹等。

1967年7月7日,加利福尼亚F4U-7"海盗"和VA-147的A-7"海盗"II战斗机一起飞行

1968年,美国海军"提康德罗加"号航母(CV-14)上第16联队的A-7B

AJQ大气数据计算机、AN/ASN-90惯性导航系统、AN/ASN-99A投影地图显示器、AN/ASW-25数据传输系统、AN/ARW-27导弹控制系统和 AN/APR- 25A雷达告警接收机等。

A-7有8个外挂架:2个是在机翼前缘下方的机身两侧,与F-8一致,每个能挂弹227千克(一般是"响尾蛇"导弹);2个机翼内侧挂架,每个能挂弹1134千克;4个机翼外侧挂架,每个能挂弹1586千克。该机可以挂载海军武器库中几乎所有的进攻性武器。另外,在进气道两侧还有2门20毫米Mk12航空炮,每门备弹600发。

A-7A

A-7A 是最初的生产型。早期装有2门20毫米柯尔特Mk12航空炮,机翼挂架理论上可携带6804千克,但受最大起飞重量的限制,若

想满负荷武器，只能通过减少内部燃料来实现。航空电子系统方面配备了AN/APN-153导航雷达、AN/APQ-115地形跟踪雷达和独立的AN/APQ-99火控雷达。

A-7A共生产了199架。

A-7B

A-7B换装了大功率的TF30-P-8发动机，推力5529千克。1971年，A-7B将发动机进一步升级到TF30-P-408，推力6074千克。早期A-7A AN/APQ-115的地形跟踪雷达由AN/APQ-116地形跟踪雷达代替。

A-7B共生产了196架。

A-7D

A-7D是专为空军生产的机型，与海军型相比，空军坚持他们的"海盗"II的动力要更强，所以选择了英国的斯贝发动机，并由美国艾利森公司按许可证生产成TF41-A-1，最大推力6577千

美国南达科他空中国民警卫队的A-7D"海盗"II

1986年4月，在封锁利比亚的行动中，美国海军"美国"号航母（CV-66）上VA-72攻击中队的A-7E

克，比海军的TF30高了不少。其他的改进包括增加了新的航电系统，整合了AN/APQ-126雷达、平视显示器和计算机化导航/武器投放系统，用1门20毫米的M61火神航空炮代替原先的2门20毫米Mk12航空炮，并改进了液压系统和刹车系统。

沃特共生产了459架A-7D。

A-7E

美国海军对空军A-7D大推力的斯贝发动机印象深刻，于是决定在海军的型号上也采用该发动机——A-7A的后继型A-7E诞生了。但由于TF41-A-2发动机的延误，第一批67架A-7E还是安装了TF30-P-5，这些飞机具备A-7E的其他所有改进特征。

沃特共生产了535架A-7E，1983年交付了最后一架。

1967年2月1日，A-7开始装备美国海军航空兵。同年12月，海军A-7中队宣布装备的A-7A具备作战能力，部队随航母开赴越南战场参加了越南战争，这次行动是A-7的第一次作战行动。在越南战争期间，美国海军先后有20个舰载机中队装备了A-7，部署在10艘航母上。越南战争共造成98架A-7的损失。在1975年5月的"马亚克斯"号事件美国解救船员的行动中，海军的A-7E和空军的A-7D为作战部队提供了空中掩护。

在1983年10月美国入侵格林纳达的战争中，海军VA-15和VA-87攻击中队的A-7E从美国海军"独立"号航母（CV-62）上起飞，提供了近距离空中支援。

1986年3月24日，利比亚锡德拉湾发生争端，利比亚防空部队拥有远程的SA-5防空导弹和两个战斗机中队。F-14"雄猫"负责美国航母战斗群的战斗空中巡逻（CAP），A-7从"萨拉托加"号航母（CV-60）上起飞，使用AGM-88"哈姆"反辐射导弹攻击防空导弹雷达阵地。第二天，

A-6攻击接近美军舰队的利比亚军舰时，A-7再次对利比亚"萨姆"防空导弹雷达阵地发射"哈姆"反辐射导弹。

1986年4月，海军第六舰队"美国"号航母（CV-66）搭载了使用A-7E的VA-72和VA-46攻击中队，参加了"埃尔多拉多峡谷"行动，对利比亚进行打击报复，用"百舌鸟"反辐射导弹攻击地空导弹雷达阵地和通信系统。

在1990年8月的"沙漠盾牌"行动中，美国"肯尼迪"号航母（CV-67）搭载美国海军VA-46和VA-72攻击中队的A-7进行了最后一次作战出击，使用各种精确制导弹药，如电视制导滑翔炸弹、非制导通用炸弹、高速反辐射导弹（HARM），全天候攻击伊拉克重兵防守的战略要地、地面装甲部队、部队集结地等地面目标。A-7同时也被用作空中加油机。

A-7E数据

基础数据

* 乘员：1人

* 长度：14.06米

* 翼展：11.8米

* 宽度：7.24米（机翼折叠）

* 高度：4.9米

* 机翼面积：34.83米^2

* 空重：8676千克

* 最大起飞重量：19 050千克

* 燃料容量：5060升

* 动力装置：1台TF41-A-2非加力型涡扇发动机，推力6804千克

性能

* 最大飞行速度：1111千米/时（在海平面）

* 航程：1981千米（最大内部燃油）；2485千米（最大内部和外部燃油）

* 升限：13 000米

* 翼载荷：380千克/米^2

* 推力/重量：0.50

* 起飞滑跑：19 000千克推力下519.7米

武器

* 航空炮：2门20毫米柯尔特MK12航空炮，后期为1门20毫米M61A1"火神"6管炮

* 外挂点：翼下6个，机身2个（用于安装AIM-9"响尾蛇"空空导弹），总挂弹量6804千克

* 火箭：4个LAU-10火箭吊舱（每个4枚127毫米Mk32火箭）

* 导弹：

 2枚AIM-9"响尾蛇"空空导弹

 2枚AGM-45"百舌鸟"反辐射导弹

 2枚AGM-62"白星眼"制导滑翔炸弹

 2枚AGM-65"小牛"空地导弹

 2枚AGM-88"哈姆"反辐射导弹

 2枚GBU-8电视制导滑翔炸弹

* 炸弹：

 30枚227千克Mk82炸弹或Mk80系列非制导炸弹，包括3千克和14千克训练炸弹

 "宝石路"系列激光制导炸弹

 4枚Mk28核弹/B43核弹/B57核弹/B61核弹/B83核弹

航空电子

* AN / ASN-90（V）惯性参考系统

* AN / ASN-91（V）导航/武器投放计算机

* AN / APN-190（V）多普勒雷达

* AN / APQ-126（V）地形跟踪雷达（TFR）

* AN / AVQ-7（V）抬头显示器

* CP-953A / AJQ固态大气数据计算机（ADC）

* AN / ASN-99地图显示系统（PMD）

2.10 麦道 AV-8 "海鹞" II

麦道 AV-8 "海鹞" II（McDonnell Douglas AV-8 Harrier II）是美国引自英国宇航公司的"鹞"式战斗/攻击机。AV-8是美国海军陆战队的现役攻击机，能够短距起飞／垂直起降（STOVL）。该攻击机由英国宇航公司设计，麦道公司制造。目前服役的型号为 AV-8B 和 AV-8B+，两者间的不同是后者经过改进，使用由 F/A-18 退换下来的 AN/APG-65雷达。

AV-8并非美国自行研发的机种，而是现役中少数从外国取得生产权的武器。AV-8的原始设计来自英国的霍克·西德利"鹞"式（Hawker Siddeley Harrier）战斗机，在美国生产的编号为 AV-8A，用作执行近

海军陆战队的 AV-8B+"海鹞"正在悬停

　第2章　沙场点兵——型号介绍

距离的空中支援和侦察任务。1968年英国范堡罗国际航空航天展览会之后，美国两名陆战队上校飞行员前往霍克公司，对"鹞"式飞机进行了试飞。试飞结果令两位上校非常满意，他们认为这就是他们想要的飞机。海军陆战队航空兵对作战飞机的要求与海军航空兵不同，他们需要的是一种反应快速、可以为地面部队提供空中支援的攻击机。海军航空兵的固定翼攻击机可以完成同样的任务，但反应速度慢、指挥不够灵活。而"鹞"式可以从停泊在海滨的两栖攻击舰甚至简易滩头起降场起降，进行快速支援，虽然载弹量小、航程近，但恰好可以满足海军陆战队的需要。

美国海军陆战队共购买了102架AV-8A，第一架AV-8A于1971年交付，至1977年全部交付。由始至终，美国并没有将AV-8A用作实战。AV-8A的一大缺点是载弹量与航程不足，霍克·西德利公司和麦道公司都很了解这一点，因此，在推出AV-8A之后，两家公司就分头开始寻求功能比AV-8A更先进的改进型短距起飞/垂直起降飞机。

美国海军陆战队刚开始训练AV-8A的飞行员时，学员必须先接受10.5小时的A-4攻击机飞行训练和4.5小时的CH-46直升机飞行训练，然后才转飞AV-8A。在课程中加入CH-46的训练，本意是要让学员熟悉垂直起降的技巧。只是AV-8A服役初期的失事率相当高，后来海军陆战队了解到AV-8A和直升机的垂直起降是截然不同的，才亡羊补牢地订购了8架双座的"鹞"式教练型，训练课程和挑选飞行员的方式也进行了修改。这批"鹞"式教练型的美军编号为TAV-8A，于1975年7月16日第一次试飞，并全部运交第203攻击训练中队使用，而AV-8A的失事率也自1978年起明显降低。

鉴于AV-8A的性能不完全满足美国海军陆战队的需要，AV-8A的武器系统也根据美国的标准进行了全面改造。火箭弹改用美式的70毫米或127毫米火箭弹，炸弹则主要采用"石眼"集束炸弹。原本海军陆战队还想换掉30毫米"阿登"航炮，因为当时海军陆战队没有相应的储备，重新设计一种航炮及其弹药费用不菲，而"阿登"航炮也确实能够满足陆战队的要求，也就打消了这个念头。AV-8A的另一项重大改进是敷设了"响尾蛇"导弹的发射控制电缆，使得机翼外侧挂架具有携带"响尾蛇"导弹进行自卫的能力，载弹量方面比原型有了很大的提高。

第二代"鹞"式飞机研制起步非常早，甚至可以追溯到"海鹞"问世之前。霍克急于推出新一代"鹞"式飞机的根本

1980年，美国海军陆战队VMA-231攻击中队的AV-8A

原因在于军方对第一代"鹞"式性能的不满。缺乏超声速性能是不用说了，自P.1127以来这始终是军方的一块心病，否则也不会有P.1154项目了。而"鹞"式飞机的载弹量和航程也令军方深为不满，远不如同时期的"美洲虎"攻击机。在这种背景下，霍克于1973年与麦道签署协议，联合进行新一代"鹞"式飞机的概念研究，这种飞机比"鹞"更大、性能更好，同时具有超声速飞行能力。但作为性能提升的关键，功率更大的飞马发动机的研制却并非一帆风顺。由于预算限制，英国政府于1975年退出了该项目。霍克与麦道的联合发展计划也因此而完全终止。但是美国海军陆战队的兴趣却没有因为AV-8X的下马而稍减。他们对于已经服役的

AV-8A 是比较满意的，但希望获得一种性能更好的 AV-8A 改进型。对于海军陆战队来说，超声速性能并不重要，他们的要求在于加大载弹量和航程能力方面。在此情况下，他们要求麦道继续研制一种"鹞"的改进型，该机后来成了第二代"鹞"式飞机的基础，即 AV-8B。

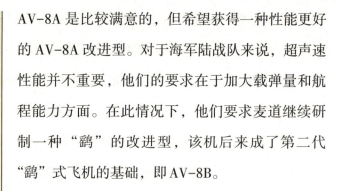

2006 年 5 月，美国海军陆战队的 AV-8B

负责生产的麦道飞机公司开始将 6 架 AV-8A 改装成 AV-8B，主要的改动包括：AV-8B 的座舱经过全面重新设计，比 AV-8A 的升高了 30 厘米，采用整体式风挡、气泡式舱盖，飞行员视野明显改善，座舱内布局基本上参照麦道 F/A-18 的设计，人机工效大幅改善；弹射座椅采用"零-零"弹射座椅；更新了电子系统；挂架改成 7 个，可挂载 AIM-9"响尾蛇"空空导弹、AGM-65"小牛"空地导弹。AV-8B 采用了 1 门 25 毫米 5 管 GAU-12/U 航空炮，该炮射速 4200 发/分，初速 1097 米/秒。该炮是可选装设备，安装位置位于机身腹部左侧的航炮吊舱内，右侧的吊舱则存放 300 发炮弹。如果不安装航炮，则吊舱以整流罩取代，以保证良好的气垫增升作用。在航程相同的条件下，AV-8B的载弹量可以提高一倍；若载弹量相同，AV-8B的航程则是AV-8A的两倍。这符合海军陆战队的要求。

AV-8B的前机身进行了重新设计，采用碳纤维复合材料制造。机身下部设计有气垫增升装置：由前起落架后的可收放挡板、机身腹部两侧整流片、后机身腹部减速板组成一个气流阻拦范围，起降时发动机燃气大部分被约束在这个范围内，形成气垫，既增大了升力，又在一定程度上解决了燃气再吸入的问题。

通过增大机翼面积来改善载弹量和航程，并获得更好的机动性能。AV-8B在减重上下了很大的功夫，其中，采用复合材料主翼是主要改善项目之一。据估计，以复合材料制造的主翼要比用金属材料做的同样主翼轻150千克。飞机结构的26%是由复合材料制成的，与传统的金属材料相比，其重量减轻了217千克。其他采用复合材料的部分包括升力提升装置、水平尾翼、尾舵。只有垂直尾翼、主翼与水平尾翼的前缘及翼端、机身中段及后段等处使用金属质材。机身中后段使用金属制造，乃是为了抗热。AV-8B的超临界主翼比AV-8A的主翼厚，同时翼展增加20%，后掠角减少10%，面积增加14.5%，飞机的内部载油量为3400千克，同比增长50%。可携带外部副油箱，从而使该飞机的最大航程达到3300千米，作战半径达到556千米。AV-8B装有空中加油系统。

原"鹞"式飞机的翼尖护翼轮向内移动，位于机翼半翼展位置附近。这是由于美国海军陆战队的AV-8B主要在两栖攻击舰上或者简易滩头起降场起飞，必须考虑在狭小的甲板上滑行机动的要求。此举虽然增加了结构重量，但AV-8B的地面机动性却得到大大的改善。英国人也将美国人的改进方案与新系统用在"鹞"Ⅱ式与"海鹞"Ⅱ式（海军版）上。

1981年11月，AV-8B首飞成功并投入量产，B型初始造价为2370万

AV-8B 的机腹

美元，于1983年开始服役。AV-8B制造工作的60%由麦道公司承担，其余40%由英国宇航公司承担。对于西班牙、意大利等其他国家的订单，麦道公司将负责飞机生产工作量的75%，英国宇航公司负责25%，各自负责机身内的系统安装。

AV-8B机头装有休斯公司的AN/ASB-19"角速度"轰炸系统，包括电视/激光目标搜索/跟踪系统，可以对目标实施高精度定位。该系统由CP-1429/AYK-14（V）飞行任务计算机、AN/AYQ-13外挂管理系统、火控系统、显示控制计算机以及座舱显示控制系统共同组成。

显示设备方面，AV-8B装备了史密斯工业公司的SU-128/A平显、CP-1450/A显示计算机、恺撒公司的IP-1318/A数字式下显，以及费伦第公司的活动地图显示器。

防御设备主要包括AN/ALR-67雷达告警接收机、2部AN/ALE-39箔条/曳光弹投放器。此外还可以携带AN/ALQ-126C电子干扰吊舱。

另外，该机还加装了霍尼韦尔的AN/ASW-

46 增稳及飞行高度自动保持系统，使得操稳特性大幅改善，减轻了飞行员操纵飞机的负担。

在美国海军陆战队服役后，AV-8B升级增加了夜间攻击能力和雷达，型号分别为AV-8B（NA）和AV-8B"鹞"II。另外，对"鹞"III的放大版本也进行了研究，但没有继续研究下去。20世纪90年代，公司合并后，波音公司和BAE系统公司共同支持该方案。在2003年结束了长达22年的生产，AV-8B（包括YAV-8B）大约生产了340架。

AV-8B参加了许多军事行动，2001年的"持久自由"行动，2003年的伊拉克战争，2011年的利比亚"奥德赛黎明"行动，意大利和西班牙的"鹞"II在海外参加北约联盟的军事行动。

在其服役过程中，AV-8B有较高的事故发生率，主要发生在关键性的起飞和着陆阶段。美国海军陆战队和意大利海军的AV-8B由洛克希德·马丁公司的F-35B"闪电"II替换。

AV-8B首次参战是在美国的"沙漠风暴"行动中，包括6个中队，86架飞机。有4个中队部署在

AV-8B可以从小型航空母舰、大型两栖攻击舰和简单的前进基地上起降

距离科威特边境183千米的沙特阿吉斯海军基地，"塔拉瓦"号（LHA-1）和"拿撒尔"号（LHA-4）两栖突击舰上各搭载1个中队。

整个海湾战争中，AV-8B共出动了3342架次，飞行时间为4317小时，共投放了2700吨以上的弹药。战争中，VMA-542中队损失了2架AV-8B，而VMA-311、VMA-231和VMA-331中队各损失1架，总击落数为5架，损失的AV-8B全数都是被地面防空火力击落的。

AV-8B+于1996年起服役，使用了F/A-18所用的AN/APG-65雷达，机头的光学传感器改为一个整体的机头雷达整流罩，强化了全天候作战能力。AV-8B+采用英国劳斯莱斯公司的F402-RR-408发动机。

AV-8B+数据

基础数据

* 乘员：1人

* 长度：14.12米

* 翼展：9.25米

* 高度：3.55米

* 机翼面积：22.61米^2

* 空重：6340千克

* 装载重量：10 410千克

* 最大起飞重量：滑跃，14 061千克；垂直，9415千克

* 动力装置：1台劳斯莱斯F402-RR-408矢量推力涡扇发动机，推力10 659千克

性能

* 最大飞行速度：1083千米/时

* 航程：2200千米

* 作战半径：556千米

* 爬升率：75米/秒

* 翼载荷：460.4千克/米^2

武器

* 炮：1门通用动力5管25毫米GAU-12航空炮安在右侧吊舱（机身的左侧吊舱是300发备弹箱）

* 外挂点：6个翼下挂架站最多可容纳有效载荷4173千克

* 火箭：4个LAU-5003火箭吊舱，每个19枚CRV7或APKWS（70毫米）火箭弹

* 导弹：

4枚AIM-9"响尾蛇"或类似的红外制导近程空空导弹

6枚AIM-120先进中程空空导弹（AMRAAM）（配备雷达AV-8B+）

6枚AGM-65"小牛"空地导弹

2枚AGM-84"鱼叉"反舰导弹

2枚AGM-88"哈姆"反辐射导弹

* 炸弹：

CBU-100集束炸弹

Mk 80系列非制导炸弹，包括3千克和14

美国海军陆战队的AV-8B+

千克训练炸弹

　　"宝石路"系列激光制导炸弹

　　联合制导攻击武器（GBU-38、GBU-32和GBU-54）

　　Mk 77凝固汽油弹

　　B61核弹

　*其他：

　　Tiger II电子干扰机

　　航空电子

　*雷神公司APG-65雷达

　* AN/AAQ-28VLITENING激光制导吊舱（配备雷达AV-8B+）

2.11 费尔柴德A-10"雷电"Ⅱ

　　费尔柴德A-10"雷电"Ⅱ（Fairchild A-10 Thunderbolt II）是美国费尔柴德公司生产的一种单座双发动机攻击机，负责提供对地面部队的近距离空中支援、战场遮断和反装甲目标，包括攻击敌方战车、武装车辆、重要地面目标等。此外，也有一部分负责提供前进空中管制，导引其他攻击机对地面目标进行攻击，这些战机被编号为OA-10。其官方名称来自于二战时地面支援上有出色表现的P-47"雷电"战斗机，但相对于"雷电"这个名称而言，A-10更常被美军昵称为"疣猪"（Warthog）或简称为"猪"（Hog）。

　　1947年，美国空军正式自美国陆军分离，成为独立军种。美国空军仍负责提供陆军近距离空中支援任务，而当时陆军方面仅能操作旋翼机与轻型固定翼飞机。冷战时期，基于二战的经验，美国空军认为"攻击离前线愈远的目标，对于战争的影响愈大"，因而倾向于对敌人后方的目标进行攻击，同时强调使用战略或者战术性核武器，导致近距离支援任务的需求和优先度都被降低。

受1950年陆军在朝鲜战争时与空军的合作经验，以及海军陆战队拥有自己的空中武力支援地面作战的影响，陆军开始积极推动陆军指挥体系下的空中武力。然而空军却认为，最有效的空中武力运用应是在统一指挥体系下以空军为首，反对陆军的想法。为了有效提升机动力与火力，陆军在20世纪60年代开始采购直升机，从1961年到1965年，陆军的直升机数量增加到5000架。但无论是UH-1通用直升机还是后来的AH-1武装直升机，在美国空军的评估中，都不适合对抗庞大的苏联装甲部队。

总结越南战争中的作战经验，陆军发现空军的主力喷气式战斗轰炸机，包括F-100、F-105、F-4等，都存在相同问题，即飞行速度过快导致飞行员在任务目标区上空停留时间极短，难以有效辨识目标，无法精准提供空中掩护。留空时间极短则让陆军无法获得持续性火力攻势。对陆军来讲，最有效的空中掩护来自朝鲜战争前便服役的A-1"天袭者"，但该机种在当时已相当老旧。陆军在1965年自行提出一款重型攻击直升机的研发合约。这个合约要求重武装、重装甲、飞行速度超过360千米／时，并以此为目标制成了一架原型机——YAH-56"夏延人"（Cheyenne）。

陆军的这个举动，加上来自美国国防部的压力，被认为是空军提出A-10原始计划A-X的主要动机。此时美国空军面对两种选择：将近距离空中支援任务交给陆军，或者是另行发展专用机种。1966年，美国空军参谋长约翰·麦克奈尔（John McConnel）下令，对于任务需求展开研究。同年8月的研究报告指出，空军无适当飞机能够满足陆军近距离空中支援任务的需要，建议空军研发一种专门执行近距离空中支援任务的机种。此机性能上不能比螺旋桨动力的A-1攻击机低，而成本则须低于海军的A-7攻击机。至此，空军正式展开A-X的设计与采购计划。

1966年9月，美国空军正式展开攻击机试验计划，于1967年3月对21家公司发出需求与征求专案计划书，并同步进行装甲位置的安排、燃料和液压跟其他系统的布线与保护，以及何处需要多套备用系统等研究方案。在这个阶段各公司研究的对象大多是类似堪培拉轰炸机大小，双涡轮螺旋桨发动机，重量在18 144千克到27 216千克范围，生产成本每架约在150万美元的机型。1969年又将设计目标重量改为15 876千克，动力则改成涡轮扇发动机，每架生产成本却要求降至100万美元。改用涡轮扇发动机的原因包括：发动机与机身的距离可以缩短，安装和维修比较简单，散发出的红外线讯号较低，噪声也较小。

1970年，A-10的设计需求定案，发动机机型的选择留给参与的厂商自行决定，不过要求涡轮扇发动机的推力在3175千克至4536千克之间。其他的项目包含：

1. 装备口径30毫米的航空炮。

2. 能携带4309千克武器装备，在指定地区巡逻两个小时下的作战半径为402千米。

3. 起飞距离需低于1219米。

4. 机动性高，足以在305米云层高度以下运动自如。

5. 要求简化维修，以降低前线机场操作的难度。

6. 预计将部署600架飞机，故要求每一架的采购成本为140万美元（1970年币值）。

定案于1970年5月下发给12家公司。随后，波音、塞斯纳、费尔柴德、通用动力、洛克希德与诺斯罗普等公司纷纷提出他们的设计方案。12月，空军宣布诺斯罗普和费尔柴德两家公司的设计案获选进入原型机设计与竞标阶段。1971年，美国空军将飞机的正式编号送交两家公司：诺斯罗普为YA-9，费尔柴德为YA-10。

在此同时，美国空军为A-X计划需要的30毫米航空炮额外开设独立标案。需求书中要求高射速（每分钟4000发）、高初速。到1971年决定原型机时，确定由福特与通用动力两者竞争航空炮设计。

除此之外，美国国防部决定采用"先飞再买"的新采购制度，试图利用竞争的方式压低成本和提高原型机的性能。

YA-10的第一架原型机在1972年5月10日进行首次试飞，YA-9则是在5月底进行。

A-10的机翼面积大、展弦比高，拥有较大的副翼，因此在低空低速时有优异的机动性。高展弦比也使A-10可以在相当短的跑道上起飞及降落，并能在接近前线的简易机场起降，因此可以在短时间内抵达战区。其滞空时间相当长，能够长时间盘旋于任务区域附近，并在300米以下的低空执行任务。执行任务时，其飞行速度一般相对较低，仅为560千米/时，便于发现、瞄准及攻击地面目标。相比之下，战斗轰炸机反而难以锁定面积较小或缓慢移动的地面目标。

发动机喷嘴所排出的废气可经过两尾翼的水平稳定翼面，因而减低了A-10红外线特征，降低了被追热导弹锁定的机会。而发动机本位于主翼之后，主翼的遮挡减少了发动机被地面炮火击中的机会。机翼前缘有蜂巢式结构，减轻了重量，同时保有足够强度。蒙皮是用一整块物料以电脑控制机械加工而成的，因此没有接合问题，也节省了加工时间及成本，实战证明这种设计较能接受损伤。这些蒙皮并不承受结构重量，因此损毁了也易于在前线更换。

与其他飞机一样，A-10的副翼置于近翼尖的部位，但比一般设计要大50%的面积，以便在低速之下仍然有较高的滚转速率。不同的是，A-10的副翼可以分成两片，以兼作减速板之用。

为了提高低空性能以利于对付地面目标，A-10的机翼、发动机等牺牲了高速飞行能力，要在短时间内抵达战区就得部署在临近前线、维护设备简陋的机场，所以A-10的设计考量了可在最低的地面勤务需求下进行加油、武器装载等作业，其起落架配置了低压轮胎，直而长的主翼让A-10即使装载沉重，也能在长度较短的、简易的临时跑道或被破坏的机场起降。A-10的许多零件都可以左右互换使用，如副翼、发动机、主起降架、可拆式尾翼组及垂直安定翼等，使得在零件供应不足时，飞机仍能有较高的出勤率。机身内有登机梯，飞行员不需要额外协助就能上下驾驶舱。为了让出位置给30毫米航空炮，前起落架位置靠右置，这导致在地面滑行时右转的半径比左转的小。

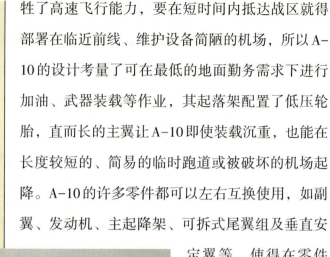

从A-10的前视图可以清晰地看到30毫米航空炮和偏置前起落架

A-10的主要任务是近距空中支援，需要近距面对敌方地面防空火力进行攻击。但A-10的航速低，被击中的机会较大，高存活能力成为它的设计重点。因此，A-10的设计异常强韧、坚固、耐用，内部具有高强度的机体结构，其战场存活率非常高，能在战斗中承受不少严重的损伤。A-10可以承受穿甲弹或23毫米高爆弹的直接攻击。即使失去一个发动机、一只尾翼、一个升降舵，一个主翼断掉一半，A-10仍然可以继续飞行。

A-10的飞行控制系统有三重冗余，包括两套液压系统及一套机械系统，当液压操控发生故障或部分机翼受损时，飞行员可以用手动控制系统。该系统只有基本的控制能力，但仍足以控制飞机飞回基地着陆，其运作是自动控制攻角及偏航，人手控制侧滚。由于是机械系统，操作时比液压系统要花更大的气力。

A-10有4个自封式油箱，全部置于机身中心，以减少被击中的机会。油箱相互独立，互不相邻，内外都覆有化学防火阻燃剂，可以防止油箱意外爆炸。发动机与供油系统及机身之间设有防火墙及灭火系统，而两台发动机的位置相隔较远，即使其中一台发动机被击中起火，也不会轻易波及另一台。

驾驶舱及部分重要的飞控系统设备则由重540千克、厚度13～38毫米的钛金属装甲保护，其装设是依据对着弹角度与位置的研究结果而定出的。此装甲箱被戏称为"浴缸"，能抵受23毫米弹药的扫射及较少数57毫米弹药的射击。为免飞行员被碎片所伤，钛装甲箱向着飞行员的裸露表面都盖上了多层尼龙，而驾驶舱盖也能抵受小口径武器的射击。

主起落架的路轮在收纳状态下仍有部分露出轮舱，而露出的部分是机轮向下，这样，即使在降落时起落架失灵而不能放下，露出的路轮也能减低机身与地面的摩擦，从而增加可控性并减少对机身造成的损坏。起落架是往后伸展的，即使液压系统失灵，依靠重力及气流的推动也能令起落架定位。

A-10的存活能力在实战中得到验证。2003年，金·坎贝尔（Kim Campell）驾驶一架A-10在巴格达执行为地面部队支援任务时，被防空炮火击中，两个发动机中的一个损毁，液压系统失效，金·坎贝尔仍以备用的机械操控系统飞行了一个小时，返回基地并安全着陆。

A-10使用了TF34-GE-100涡轮扇发动机，该发动机的特色为高推重比、低油耗。发动机安装于主翼后上方、尾翼组件前上方，让主翼和尾翼遮挡着发动机，使发动机不会完全暴露于来自下方的攻击；同时，产生的废气可通过尾翼间排出，遮盖了部分废气的红外线，使采用追热寻标器为主的肩射式防空导弹较难锁定。除了减低被击中的概率及减轻被击中后的战损外，发动机所在位置也让A-10较适合在恶劣环境下操作，离地较高避免了吸入来自跑道的沙石，这对起降于简易机场来说尤为重要。在地面维护时，位置较高也让发动机可以安全地保持在运转状态，节省重新启动的时间。较低的位置让给机翼，对机翼的维护及武器的挂置也带来了方便。为了抵消发动机置于翼面之上而产生的压下机首的力矩，发动机与机身成9°的上倾角。

A-10可以挂载大量的武器与各种吊舱。最大起飞重量22 680千克。A-10最大外挂载量7260千克，内部满载油时的最大外挂为6505千克。全机

A-10双机编队

共有 11 个武器挂架。机身中线挂架与机身两侧挂架不能同时使用，机身中线挂架外挂载荷 2268 千克，机身两侧挂架及内翼段挂架每个可负载 1587 千克，外翼段靠内的一对挂架每个可负载 1134 千克，外翼段外面的两对挂架每个可负载 453 千克。

A-10 的主要武器是内置的 30 毫米 GAU-8"复仇者"航空炮，它可以一分钟发射 3900 发贫铀穿甲弹，其高密度弹头及高速能有效地贯穿坦克装甲。GAU-8 最初设计射速可以由飞行员自行选择，每分钟 2100 发或 4200 发，后来被固定为 3900 发。GAU-8 使用 7 管加特林炮，由于炮管转动加速需要半秒，在开始发射的第一秒只会发射 50 发。在 1220 米距离外，80% 的子弹都能落在直径 12.4 米的圆形内。GAU-8 优化了 1220 米倾斜范围的射击，A-10 会以 30° 角俯冲，攻击地面目标。根据 GAU-8/A 的产品叙述，

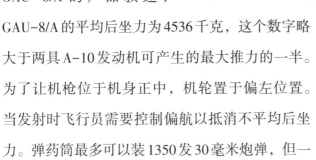

30 毫米 GAU-8"复仇者"航空炮与一辆大众甲壳虫的对比

GAU-8/A 的平均后坐力为 4536 千克，这个数字略大于两具 A-10 发动机可产生的最大推力的一半。为了让机枪位于机身正中，机轮置于偏左位置。当发射时飞行员需要控制偏航以抵消不平均后坐力。弹药筒最多可以装 1350 发 30 毫米炮弹，但一

般只会装1174发。子弹填装是使用GFU-7/E 30毫米弹药填装车进行。

A-10比较常用的武器还有"小牛"导弹（电视导引的AGM-65A/B/G或红外线导引的AGM-65D）。由于射程较远，"小牛"可以在比航空炮更远的距离外攻击目标，让飞机能在攻击时与敌方的现代防空系统保持距离而更加安全。其他能挂载的武器有227千克Mk82或907千克Mk84炸弹、Mk20"石眼"或CBU-52/58/87系列集束炸弹、7管或19管70毫米火箭发射器、GBU-10/12"铺路"II型激光导引炸弹及自卫用的AIM-9L"响尾蛇"导弹。安装"小牛"导弹或Mk20集束炸弹后，数架战机组成统一编队接受地面管制中心的指示，与陆军"阿帕奇"直升机进行反装甲协同作战。A-10本身速度慢，相比于其他固定翼战斗机更适合对地支援。在战场中，A-10主要的敌人为地空导弹与防空炮、其他战斗机和武装直升机。为有效攻击空中目标，20世纪80年代末，机上开始加装AIM-9L"响尾蛇"导弹，由外侧翼下的挂架携带。

第一批量产的A-10A于1975年10月被分派到了美国亚利桑那州的戴维斯-蒙森空军基地，其设计目的是提供近前线的空对地火力支援，同时能装载大量武器、弹药，有优异的续航力，并能涵盖大范围的作战半径。初期，美国空军并不欢迎"疣猪"，而飞行员们则喜欢高速、高机动性的战机，例如F-15和F-16。与这两款战机比起来，"疣猪"无论是外观还是性能，都非当时科技的顶尖之作，当时美国空军甚至临时打算把空对地火力支援的任务直接交由陆军的攻击直升机负责。

到了20世纪80年代，美军改变计划，把A-10用作低空攻击的角色，专门对付当时部署于东欧的苏联坦克。1987年，空军又决定将A-10的任务改由F-16去完成，并选取115架A-10改装成具有执行前沿航空管制（FAC）任务的能力，机型也被改成OA-10，以取代OA-37B。在执行前沿航空管制任务时，"疣猪"通常配备6个70毫米"九头蛇"火箭弹，有时也会装配烟幕弹头和白磷闪光弹头。但仍有大部分遭F-16所取代的A-10机群被封存起来。

1991年的第一次波斯湾战争，是A-10第一次参与实战。A-10参加了"沙漠风暴"等行动，144架A-10机群执行了将近8100架次任务，一共摧毁了伊拉克900多辆坦克、2000多辆其他战斗车辆、1200多个火炮据点，以及部分雷达设施，成为在该战役中效率最高的战机。在猎杀高机动性的"飞毛腿"导弹发射载台方面，A-10也发挥了重要成效。因为"飞毛腿"导弹发射载台难于被发现，只有在准备发射的一刻才较易发现，A-10的滞空时间较长，可以长时间在战区盘旋巡逻，在载台准备发射时对其发动攻击。其间A-10还击落了两架伊拉克的直升机，全都是以30毫米航空炮击落。整个战争期间仅仅只有4架A-10被击落，3架重伤后仍能飞回基地（因不能修复而弃置），另有少数在降落时损毁在此役中。A-10的任务成功率为95.7%，战争期间90%的AGM-65"小牛"导弹都是由A-10发射的。战后A-10受到了重视，空军也打消了以F-16取代

A-10的念头。

由于A-10在低空以亚声速飞行，飞机伪装就变得相当重要。许多不同类型的油漆方案都试过了，包括沙黄色、浅褐色和深褐色3种颜色的混合，深绿色、绿色和棕色的混合。许多A-10的腹部还喷成深灰色。这种形式是为了迷惑敌人的飞机姿态和机动方向的一种尝试。许多A-10还画有机头艺术，如鲨鱼嘴或疣猪的头。

机头艺术

适用于A-10的两种最常见的迷彩方案被称为欧洲林地迷彩方案和双色调灰色方案。欧洲林地迷彩方案的目的是将上面的可见度降至最低，敌方战斗机的威胁要超过敌方地面的防空火力。它采用深绿色、中绿色和暗灰色，以便与典型的欧洲森林地形融为一体，从20世纪80年代使用到90年代初期。根据1991年的海湾战争中的经验，空中威胁已不再被看作比地面防空火力威胁更大，一个新的

画有机头艺术的A-10

配色方案选择从下面尽量减少可见性。双色调灰色方案为飞机的顶部深灰色，底部浅灰色，从20世纪90年代初开始应用。

全挂载的A-10"雷电"II

2010年，美国空军向雷神公司签发合约，为A-10C加装整合式头盔目标瞄准系统。2007年，波音公司得到一份为A-10生产新机翼的合约，要求生产242对A-10新机翼。2011年11月，两架安装了新机翼的A-10首次起飞。安装新机翼是为了延长A-10的寿命年限至2040年。A-10共生产了716架。

A-10预计将服役至2028年或更久，到时可能会被无人机MQ-9"猎食者"或F-35所取代。但不少人认为以F-35的成本去做A-10的工作极其不合理。2012年，美国空军确定F-35B的产量不足以取代A-10。在替换期间仍要进行许多升级作业，例如火控系统、电子对抗装置及灵巧炸弹投掷系统的套件升级。

第188战斗机联队的A-10"雷电"II攻击机

A-10A数据

基础数据

* 乘员：1人

* 长度：16.26米

* 翼展：17.53米

* 高度：4.47米

* 机翼面积：47米^2

* 空重：11 321千克

* CAS任务载弹量：21 361千克

* 反装甲的任务载弹量：19 083千克

* 最大起飞重量：22 680千克

* 动力装置：2台通用电气TF34-GE-100A涡扇发动机，每台推力4112千克

* 内部燃油量：4990千克

性能

* 最大飞行速度：833千米/时

* 巡航速度：560千米/时

* 失速速度：220千米/时

A-10C在戴维斯-蒙森空军基地发射AGM-65空地导弹

* 作战半径：

　　近距空中支援任务：460千米（在1500米高度，作战10分钟）

　　反装甲任务：467千米（作战30分钟）

* 转场航程：4150千米（90千米/小时）

* 升限：13 700米

* 爬升率：30米/秒

* 翼载荷：481千克/米^2

* 推力/重量：0.36

武器

* 炮：1门30毫米GAU-8/A"复仇者"转管炮，备弹1174发

* 外挂点：11个（翼下8个，机身挂架3个），挂载量为7260千克

* 火箭：

　　4个LAU-61/LAU-68火箭吊舱，每个19枚或7枚Hydra/APKWS 70毫米火箭弹

　　4个LAU-5003火箭吊舱，每个19枚CRV70毫米火箭弹

　　6个LAU-10火箭吊舱，每个4枚127毫米火箭弹

* 导弹：

　　2枚AIM-9"响尾蛇"空空导弹用于自卫

　　6枚AGM-65"小牛"空地导弹

* 炸弹：

　　Mk 80系列非制导炸弹

　　Mk 77燃烧弹

　　BLU-1，BLU-27/B"石眼"II，Mk20，BL755和CBU-52/58 /71/87/89/97集束炸弹

　　"宝石路"系列激光制导炸弹

＊其他：

SUU–42A / A红外诱饵或箔条发射器

AN / ALQ–131或AN / ALQ–184ECM吊舱

航空电子

＊AN / AAS–35（V）"铺路便士"激光跟踪吊舱（安装在驾驶舱的右侧下方），用于"宝石路"激光制导炸弹（目前"铺路便士"不再使用）

＊平视显示器，用于提高飞行技术和空中对地面支持系统

2.12 麦道F/A–18 "大黄蜂"

麦道公司F/A–18 "大黄蜂"（McDonnell Douglas F/A–18 Hornet）是一款双引擎超声速、全天候多用途作战飞机，设计既是战斗机，又是攻击机，因此，指定型号F/A。F/A–18是诺斯罗普YF–17的衍生，20世纪70年代供美国海军和海军陆战队使用。自1986年以来，美国海军的"蓝色天使"飞行表演队也使用F/A–18。

F/A–18在12 190米的高度上具有最高速度1915千米/时。它装有2台通用电气的F404涡扇发动机，这使F/A–18具有高推重比。

F/A–18具有优良的空气动力学特性，这主要归功于其领先优势扩展（LEX）。战斗机的主要任务是为战斗护航、为舰队防空、对敌防空压制

2003年10月，美国海军陆战队的F/A–18C

（SEAD）、空中遮断、近距空中支援和空中侦察。尽管F/A-18被批评为航程短和载弹量少，但F/A-18仍是优秀的多用途飞机。和同时代的飞机相比，F-14"雄猫"战斗机缺乏对地攻击能力，A-6"入侵者"和A-7"海盗"II攻击机则缺少对空能力。

20世纪70年代初，美国海军军官对格鲁曼F-14"雄猫"战斗机高昂的价格颇有微词，希望寻求一种低成本的替代战斗机，正好此时"雄猫"项目遭遇研发困难，成本不断超出预算，于是美国海军启动了应急计划——战斗、攻击实验计划（VFAX）。该计划打算采用一架多用途飞机，以取代A-4"天鹰"、A-7"海盗"II和F-4"鬼怪"。

1973年8月，美国国会授权美国海军一种低成本的替代战斗机需求书。格鲁曼公司提出F-14X，而麦道公司提出海军型F-15，都几乎同F-14一样昂贵，均遭到否决。同年，国防部长詹姆斯·罗德尼·施莱辛格下令海军评估空军的轻型战斗机（LWF）计划——通用动力YF-16和诺斯罗普YF-17。空军只要求昼间战斗机，而没有要求对地打击能力。1974年5月，众议院军事委员会要求海军空战战斗机（NACF）最大限度地利用轻型战斗机计划。

YF-16虽赢得了轻型战斗机计划，但美国海军认为一台发动机和窄起落架的飞机难以适应现代航母起降的要求，并拒绝采用F-16改进成海军的多用途飞机。

诺斯罗普YF-17"眼镜蛇"已发展成为舰载机F／A-18

第2章 乃境瓦兵——型号介绍

1975年5月2日，海军宣布选择YF-17。由于LWF和VFAX的设计要求不同，海军要求麦道公司和诺斯罗普重新设计YF-17。1977年3月1日，海军部长格雷厄姆·克莱顿宣布，F-18将被命名为"大黄蜂"。

F-18最初被称为麦道267项目，机体结构与YF-17相比变化较大，机身和起落架都经过了加强，以适应舰载操作，机翼可折叠，同时增加了尾钩，为满足海军航程规定内部燃油加大到2020千克，扩大了背脊，并在每个机翼添加了油箱。机翼扩大后，缘外侧的副翼可作为襟副翼使用，进一步增强低速操控性，襟翼和副翼也可差动用于滚转控制。外翼段可向上折叠，铰链就在副翼和襟翼的交界处。尾翼同时也扩大了，后机身也扩大102毫米，发动机位置向外倾斜。YF-17的控制系统用全数字代替飞行线控，并具有四倍冗余。这些变化共增加了4540千克的空重，使机重达到了16 800千克。

最初，它计划生产780架，共有三个型号。单座F-18A战斗机和A-18A攻击机，这两种飞机会安装不同的航空电子设备。而双座TF-18A作为教练型，保留了F-18的全任务能力，但减少了载油量。随着航空电子设备和多功能显示器的改进，以及外挂架的重新设计，A-18A和F-18A能够融合成一架飞机。

F/A-18在机身结构中大范围采用了先进的复合材料。铝合金占了结构重量的50%，合金钢占了16.7%，钛合金占了12.9%。机翼、垂尾和平尾结构中大量使用了钛合金，机翼折叠接头也是钛合金的。机身约40%的表面是石墨/环氧树脂复合材料蒙皮，这种材料占结构总重的9.9%，剩余的重量是其他各种材料。

美国海军要求该机具有全天候作战能力，并能发射诸如AIM-7"麻雀"这样的雷达制导导弹，YF-17的小型雷达被更强大的雷达型号取代。在1977年末的竞争中，休斯公司的AN/APG-65数字化雷达获胜。为了满足海军至少55千米探测距离的要求，该雷达的天线直径达508毫米，为此增加了机鼻直径。F/A-18是第一架使用大量多功能显示器的飞机，这样方便飞行员进行战斗机与攻击机的角色转换，或两者兼而有之。这种"力量倍增器"的能力能使作战指挥官在瞬息万变的战斗中更灵活地运用战术。它是第一架集成了数字化航电的美国海军飞机，可轻松实现升级。

"大黄蜂"值得注意的是它的维护，和其他飞机比起来，其平均故障间隔时间是其他海军飞机的三倍，并且维护时间也只需要一半。F404发动机可操作性、可靠性和可维护性也相当方便。F404发动机仅靠10个点连接到机身，可以在不需要特殊设备的情况下进行维修。一个4人团队可以在20分钟内拆下发动机。

进气口布置在边条下方的根部，由于不要求F/A-18能飞2马赫，因此就不需要复杂的可调进气道，而采用了简单的固定进气口，并配有附面层隔离板，垂尾间的后机背安装有双铰链液压控制的减速板，这样减速板在展开时对飞机的俯仰操纵影响最小。

F/A-18共有9个武器挂点，翼尖2个，翼下4个，进气道侧壁2个，机腹中线1个。它可以挂载各种常规炸弹、激光制导炸弹、空空导弹、空地导弹和火箭弹，机头上装有1门6管20毫米M61"火神"炮。

F/A-18A/B

F/A-18A是单座型。F/A-18B则是双座型，主要用于训练，内部燃料减少了6%。1992年，将AN/APG-65雷达换装成AN/APG-73的飞机称为F/A-18A+。

F/A-18C/D

1987年，F/A-18C开始生产。F/A-18C和F/A-18A的不同之处主要在内部，C型换装了马丁·贝克弹射座椅(NACES)，整合升级了雷达和航空电子设备，改进了任务计算机，增加了机载自卫干扰机以及飞行事故记录和监视系统。F/A-18C 可以携带新型导弹，具备发射 AMRAAM 空空导弹、AGM-65F "小牛" 和 AGM-84 "鱼叉" 反舰导弹的能力。新的合成孔径地面测绘雷达可以使飞行员定位能见度低的目标。安装了 AN/AAR-50 热成像导航吊舱（TINS）、AN/AAS-38 "夜鹰" 前视红外阵列瞄准吊舱，以及夜视镜。座舱内两个彩色多功能显示器取代了单色显示器和彩色数字移动地图导航显示器。1993 年，AAS-38 增加了一个激光目标指示/测距系统，使 "大黄蜂" 可自主投放激光制导武器。1991 年，F/A-18C 换装了通用电气的 F404-GE-402 发动机，静态推力提高约 10%。

F/A-18D 还有一种侦察型，编号为 F/A-18D（RC）。有 48 架 F/A-18D "大黄蜂" 拆除了 M61A1 航空炮，安装了托盘式光电组件（ATARS），包括一个气

F/A-18 上使用的 M61 "火神" 炮

加拿大 CF-18A "大黄蜂" 离开夏威夷海岸。"假驾驶舱" 画在了飞机的下面，意在迷惑敌人的飞行员

泡式红外线扫描头和两个滚动稳定的传感器单元，所有传感器获得的图像都录制在录像带上。机腹挂架可挂载一个数据链吊舱，用于将图像实时传送回地面站，也可挂载 AN/UPD-8 合成孔径地面测绘雷达吊舱。F/A-18D（RC）可在几小时内被改回标准"大黄蜂"构型。

2002年,执行"持久自由"行动任务的美国海军F/A-18C

F/A-18E/F

单座的 F/A-18E 与双座的 F/A-18F 是 F/A-18C 与 F/A-18D 更大、更先进的改进型号。

20世纪80年代末，美国海军的 F-14 "雄猫" 和 A-6E "入侵者" 都已老化，美国海军原计划用 F-22 "猛禽" 的海军型取代 F-14，使用 A-12 取代 A-6E。这两种隐形飞机在技术上虽然非常先进，但需要漫长的研发才能服役。因此，国防部命令美国海军和空军考虑采购 F/A-18 "大黄蜂" 的发展型作为 F-22 和 A-12 服役前的过渡机型。该机型就是 "大黄蜂" 2000，于 1987 年正式立项。

"大黄蜂" 2000 项目开始时优先级很低，并一度徘徊在被取消的边缘。但随着冷战的结束，F-

22海军型和A-12项目前途暗淡，凸显了"大黄蜂"2000的重要性。

1991年1月7日，陷入泥潭的A-12"复仇者"II终被取消。

精明的麦道立即提出让"大黄蜂"2000作为A-12的替代方案。该机实际上是一种全新的飞机，但编号为F/A-18E/F。F/A-18E/F比F/A-18更为先进，机翼更大，油箱也比F/A-18的大，携油量有所提升，同时使用了推力更强的发动机。

1994年9月23日，麦道启动了F/A-18E/F生产线。格鲁曼公司开始生产中后段机身，美国海军赋予该机"超级大黄蜂"的绰号。"超级大黄蜂"和原有的"大黄蜂"战机实在差异太大。原有的"大黄蜂"战机是一种中型多功能战斗攻击机，可同时肩负拦截和打击任务，因此所配备的侦测系统着重于可靠性和多功能性，它不需要强大的搜索能力和大功率雷达。然而F/A-18E/F具有一部分F-14的舰队外围防空拦截的功能，并维持原有"大黄蜂"系列的多功能性，成为重型多功能拦截打击战斗机。

为了大幅增加航程，飞机必须增加内部载油量，为此，F/A-18E/F延长了机身，比F/A-18C/D增加了863.6毫米。机翼按比例放大了25%，翼展增加了1300毫米，翼面积增加了9.29米²。垂尾面积和方向舵面积也增大了。翼展的增加使内翼段下方空间增大，可安排3个挂架。新机翼取消了翼尖扭转以及弯度变化，在设计上强调重载。F/A-18E/F进一步加大了边条尺

2005年9月，美国海军的F/A-18F"超级大黄蜂"在执行任务

寸，边缘为尖拱形，而不是"大黄蜂"的S形，取消了边条翼刀，机翼上增加了锯齿。放大的机翼为F/A-18E/F提供了额外的升力，降低了飞机的进场速度。以方形进气口取代了"大黄蜂"的D形进气口，使进气量增加了18%，且超声速性能更好。通过加大机翼和延长机身，F/A-18E/F多装了1360千克燃油，比F/A-18C的机内载油多33%。用于舰队防空的F/A-18E/F可挂载4枚AMRAAM、2枚AIM-9和副油箱，在距离航母740千米的战区可滞空71分钟，而F-14D只能滞空58分钟。

换装后新的发动机推力增加了，F/A-18E/F的最大外载重量也达到了8050千克，而原有的F/A-18C/D系列即使是升级为F404-GE-402后，也只能达到6550千克。外挂架从9个变成11个，增加了武器的载弹量，可携带3个330美制加仑（1249升）副油箱和其他吊舱。由于"超级大黄蜂"的独特气动力外形（超大的翼前缘延伸板会产生涡流），测试中曾出现投射的武器偏转弹道的情况。为了修正此一现象，工程师把翼下挂架全都向外偏转了3°，F/A-18E/F配备了F/A-18C/D上APG-65雷达的升级版——APG-73。

F/A-18E/F增加了干扰弹载量，从60发增加到120发。该机起落架经过重新设计和加强，增加了最大起飞重量。另外飞机还有更大的离地间隙，可在机腹中线挂架挂载大型1817升副油箱和其他吊舱。

F/A-18E/F采用了一些隐身技术，尤其是在机翼前

2008年，阿富汗两架美国海军F/A-18E"超级大黄蜂"在战斗巡逻。后面一架在发射红外诱饵弹

缘采用碳纤维蒙皮，在机身的关键区域采用吸波材料，加莱特进气口和雷达屏障也能降低雷达反射。另外维护口盖和起落架舱门都是菱形或锯齿状边缘，以减少反射。F/A-18E/F 的雷达反射面积小于 F/A-18C/D。

F/A-18E/F 改进了电子对抗系统以应对敌方导弹的威胁，安装了 ALQ-214 综合防御对抗系统。该系统包括 ALR-67（V）雷达告警接收机、ALE-55 光纤拖曳式诱饵以及 ALE-47 干扰弹发射器。

EA-18G

EA-18G "咆哮者" 是美国舰载型电子攻击机，2007 年开始生产，2009 年底开始服役。此机为在双座型 F/A-18F "超级大黄蜂" 的基础上开发的特殊机型，用于取代美国海军 EA-6B "徘徊者" 电子攻击机。机上的电子攻击设备主要由格鲁曼提供。

EA-18G 拥有十分强大的电磁攻击能力。凭借格鲁曼公司为其设计的 AN/ALQ-218V 战术接收机和新的 AN/ALQ-99 战术电子干扰吊舱，它可以高效地执行对面空导弹雷达系统的压制任务。EA-18G 可以通过分析干扰对象的跳频图谱，自动追

VFA-41 "黑色王牌" 战斗攻击中队的四架 F/A-18F。第一架（最上方）和第三架飞机上携带有 AN/ASQ-228 先进瞄准前视红外（ATFLIR）吊舱，最后一架飞机上有伙伴加油系统

踪其发射频率，并采用长基线干涉测量法对辐射源进行更精确的定位，以实现跟踪—瞄准式干扰。此举大大集中了干扰能量，首度实现了电磁频谱领域的精确打击。

EA-18G 可以有效干扰 160 千米外的雷达和其他电子设施，超过了任何现役防空火力的打击范围；安装于"咆哮者"机首和翼尖吊舱内的 AN/ALQ-218V(2) 战术接收机还是目前世界上唯一能够在对敌实施全频段干扰时仍不妨碍电子监听功能的系统。

EA-18G 虽然取消了航炮，但可携带用以自卫的 AMRAAM 空空导弹和攻击敌方无线电信号源的 AGM-88 "哈姆"反辐射导弹。

1983 年 1 月，F/A-18 已经准备服役，但 VX-4 和 VX-5 飞行中队的一些报告指出该机的航程过短。虽然经过了数种改进，但并不见成效。

测试和评估 VX-9 "吸血鬼"中队的 EA-18G "咆哮者"

1983 年 3 月，海军中队 VFA-25 用 F/A-18 取代 F-4 和 A-7E。VFA-25 的报告认为对 F/A-18 航程的抱怨有些夸张，无挂载 F/A-18 的航程通常超过无挂载 F-4 "鬼怪"，挂载副油箱之后 F/A-18 的载弹量与不挂副油箱的 A-7 "海盗" II 一样多。F/A-18 非常易于操纵，飞行员稍加练习后就可以达到很高的投弹精度。尽管 F/A-18 在某些任务中航程

不如 A-7"海盗"II，但 F/A-18 可以在燃料较少的情况下在目标上空保持盘旋。在空战训练中，F/A-18 的滞空时间比 A-4、F-4 和 F-14 更长。在与 F-14 进行的对抗训练中，多数情况下 F/A-18 能够在机动性上超过 F-14。F/A-18 在执行战斗机护航任务的作战半径也达到了 700 千米。

事实上，海军陆战队先于海军部队装备 F/A-18。1983 年 1 月，美国海军陆战队第 VMFA-314 战斗攻击中队是首批换装 F/A-18 的作战部队。

1985 年 8 月，"星座"号航空母舰（CV-64）搭载了第十四舰载机联队 VFA-25 和美国海军战斗攻击机中队 VFA-113。

1986 年 4 月，VFA-131、VFA-132、VMFA-314 和 VMFA-323 的 F/A-18 由"珊瑚海"号航母（CV-43）起飞执行压制利比亚防空系统的任务。这是 F/A-18 的首次参战。

从最初的舰队报告来看，F/A-18 的可靠性能高。1986 年，美国海军"蓝色天使"飞行表演中队换装了 F/A-18"大黄蜂"。"蓝色天使"在美国和世界各地用 F/A-18A、F/A-18B、F/A-18C 和 F/A-18D 进

"蓝色天使"飞行表演中队的 6 号 F/A-18A

行飞行表演。"蓝色天使"飞行员必须具备飞行1400小时和航空母舰起降认证。双座B型和D型通常如有需要，会用来给贵宾乘驾。

1991年海湾战争中，美国海军和海军陆战队部署了F/A-18A/C/D。1月17日战争的第一天，F/A-18飞行员击落了两架米格-21。同一天，伊拉克的米格-25PD也击落了一架F/A-18。

F/A-18战斗机飞行4551架次，有10架"大黄蜂"受损，包括3架被击落，其中2架被地面防空炮火击落，另1架被伊拉克空军的飞机用空空导弹击落。A-6"入侵者"在20世纪90年代退役，由F/A-18填补。F/A-18展示了它的多功能性和可靠性。在沙漠风暴行动中，同一架飞机在任务飞行中可以击落敌方战斗机后轰炸敌方地面目标。它打破了可用性、可靠性和可维护性的纪录。

美国海军F/A-18A/C型和海军陆战队的F/A-18A/C/D型在20世纪90年代参加过波斯尼亚和科索沃行动。2001年，参加了"持久自由"行动。2003年，F/A-18A/C和较新的F/A-18E/F参加了"伊拉克自由"行动。

VF-115中队的"超级大黄蜂"在"持久自由"行动中首次参加实战，在"南部守望"行动中，该中队投掷了22枚JDAM，攻击了14个目标，成为"超级大黄蜂"的首次对敌攻击。该中队还参加了"伊拉克自由"行动，并投掷了激光制导炸弹和JDAM。在"伊拉克自由"行动中，该中队投掷了172吨弹药。在任务中，"超级大黄蜂"还挂载了空空导弹，但没有机会使用。另外在任务中，VFA-115中队的一些"超级大黄蜂"在机腹挂载了A/A42R-1空中加油吊舱，用于进行伙伴加油。

F/A-18C/D数据

基础数据

*乘员：F/A-18C 1人；F/A-18D 2人

* 长度：17.1米

* 翼展：12.3米

* 高度：4.7米

* 机翼面积：38米²

* 长宽比：4.0

* 空重：10 400千克

* 最大起飞重量：23 500千克

* 动力装置：2台通用电气F404-GE-402涡扇发动机。正常推力，每台4990千克；加力推力，每台8051千克

* 燃油容量：4930千克（内部）

性能

* 最大飞行速度：1915千米/时（在12 190米高度）

* 作战半径：740千米

* 最大航程：3330千米

* 升限：15 240米

* 爬升率：254米/秒

* 翼载荷：455千克/米²

* 推力/重量：0.96

武器

* 航空炮：1门20毫米6管M61A1"火神"航空炮

* 外挂点：9个。2个翼尖导弹发射轨，4个在翼下，3个在机身。可挂载6200千克的外部燃料和弹药

* 火箭：

   70毫米火箭弹

   127毫米火箭弹

* 导弹：

4枚AIM-9"响尾蛇"导弹、4枚AIM-132先进近程空空导弹（AS-RAAM）、4枚IRIS-T或4枚AIM-120先进中程空空导弹

2枚AIM-7"麻雀"或2枚AIM-120先进中程空空导弹

AGM-65"小牛"空地导弹

AGM-84H／K防区外对地攻击导弹（SLAM）

AGM-88"哈姆"反辐射导弹

AGM-154联合防区外武器（JSOW）

AGM-158联合空对地防区外导弹（JASSM）

"金牛座"巡航导弹

AGM-84"鱼叉"反舰导弹

* 炸弹：

B61核弹

JDAM精确制导武器

"宝石路"系列激光制导炸弹

Mk80系列非制导炸弹

CBU-78集束炸弹

CBU-87综合效应弹药

CBU-97传感器引爆武器

Mk20"石眼"II

* 其他：

SUU-42A/A红外诱饵吊舱和箔条吊舱

电子对抗吊舱

AN/AAS-38"黑鹰"夜间瞄准吊舱（仅美国海军），后更换成AN/ASQ-228ATFLIR

航空电子

* APG-73雷达

* ROVER（遥控操作视频增强接收器），用于美国海军的F／A-18C攻击战斗机中队

F/A-18E/F数据

基础数据

* 乘员：F/A-18E 1人；F/A-18F 2人

* 长度：18.31米

* 翼展：13.62米

* 高度：4.88米

* 机翼面积：46.5米^2

* 空重：14 552千克

* 最大起飞重量：29 937千克

* 动力装置：2台通用电气F414-GE-400涡扇发动机。正常推力，每台5897千克；加力推力，每台9979千克

* 内部燃油量：F/A-18E 6780千克；F/A-18F 6354千克

* 外部燃料量：7381千克

性能

* 最大飞行速度：1915千米/时（在12 190米高度）

* 航程：2346千米（携带两枚AIM-9）

* 作战半径：722千米

* 升限：15 000米

* 爬升率：228米/秒

* 翼载荷：460千克/米^2

* 推力/重量：0.93（1.1起飞重量和50％的机内燃油）

武器

* 航空炮：1门20毫米6管M61A2"火神"转管炮

* 外挂点：11个。翼尖2个，翼下6个，机身3个。可携带8050千克的外部燃料和弹药

* 导弹：

　4枚AIM-9"响尾蛇"导弹或4枚AIM-120先进中程空空导弹

　2枚AIM-7"麻雀"或2枚AIM-120先进中程空空导弹

　AGM-65"小牛"空地导弹

　AGM-84H/K防区外对地攻击导弹（SLAM）

　AGM-88"哈姆"反辐射导弹

　AGM-154联合防区外武器（JSOW）

　AGM-158联合空对地防区外导弹（JASSM）

　AGM-84"鱼叉"反舰导弹

　远程反舰导弹（LRASM）

* 炸弹：

　JDAM精确制导武器

　"宝石路"系列激光制导炸弹

　Mk80系列非制导炸弹

　Mk 20"石眼"II集束炸弹

　CBU-78集束炸弹

　CBU-87综合效应弹药

　CBU-97传感器引爆武器

* 其他：

　SUU-42A/A红外诱饵吊舱和箔条吊舱

电子对抗吊舱

AN/ASQ-228 ATFLIR

航空电子

* APG-73或 APG-79雷达

* ITTAN / ALE-165 自我保护干扰吊舱

* AN/ALE-214综合防御电子对抗系统

* AN / ALE-50或 AN/ALE-55拖曳式诱饵

* AN/ALR-67（V）3雷达告警接收机

* MIDS LVT或 MIDS JTRS数据链路收发器

2.13 道格拉斯AC-47 "幽灵"

道格拉斯 AC-47 "幽灵"（Douglas AC-47 Spooky）（也称 "喷火龙"）是美国空军在越南战争期间开发的，可使用轻型和中型火力对地面目标进行长时间攻击，为地面部队提供近距离空中支援。

AC-47由美国空军C-47（军用版DC-3）改进而来。3挺7.62毫米通用机枪分别安装在后面2个窗口和侧面的货舱门处，所有的火力在飞机左侧（飞行员一侧），可以在空中近距离支援地面部队。机枪射击由飞行员控制，虽然有炮手和装填手，但主要是协助处理枪械故障和装填弹药。它在目标上空盘旋时，可在一个椭圆形区域内提供压制火力，直径约为47.5米，3秒钟的时间可以向地面2.2米范围内射击。该机还可以投掷照明弹照亮战场。

1961年末，美国空军第一批空中突击队员抵达南越时，南越军队的偏远前哨经常陷入被 "北越" 军队围攻的境地，亲南越政府的村庄也频频受到武装袭击。最初，空中突击队拥有的只是一小队C-47，他们认为即使不能在夜间有效保卫被围困的村庄，至少也能够开一架运输机盘旋在被围攻的前哨上方，投下照明弹，照亮"北越"军队的位置。这种照明战术取得了超出预期的效果，照明弹屡屡阻止了"北越"军队的进攻，有时他们甚至一听到照明飞机的声音就撤退了。

1963年，数量有限的运输/照明机无法整夜盘旋在遭受"北越"军队进攻的前哨上空。随着美军在越南越来越多地卷入，冲突升级，需要更有效的武器系统来保卫这些遍布乡村的战略村和小堡垒。美国空军战术空军司令部成立了一个小组来研究和评估"有限战争"中在乡村地区作战的问题。这个小组评估了从整个军队中收集到的建议，其中一个来自吉尔莫·C.麦克唐纳中校，他建议给运输机装备侧向射击武器系统。

AC-47

1964年8月，军备开发和测试中心检测，飞行试验部使用一架T-28和一架C-131进行了多次试飞，这两架飞机并没有安装任何武器，仅仅用油性笔在座舱玻璃侧面内壁画上了准星。不过试验证明飞机在"铁塔盘旋"时可以跟踪面目标、点目标和线目标，约翰·C.西蒙斯上尉为飞行员能如此轻易发现目标并保持目视跟踪感到惊讶。人们在C-131驾驶舱左舷窗后方安装了一个真正的瞄准具，并在货舱内部预定安装武器的地方装了一排摄像机。由于项目优先级不高，正式试飞被无限期地推迟了。之后又因缺乏资金，测试被中止了。

1964年，上尉罗恩·W.特里在越南的临时任务结束后，返回空军司令部组成了一个小组，审查在越南空中行动中的各个方面，就使用什么武器和如何使用武器等问题进行了研究。研究表明，C-47和C-123在村落上空盘旋投掷照明弹，对防止村落遭到敌方夜袭相当有效。特里上尉立刻起草了一份方案，根据他在南越的经验，规划了一种使用侧向射击武器系统来保卫小堡垒和村庄的炮艇机。航空系统分部的有限战争办公室采纳了这个方案，并承诺提供支持。他获得许可使用C-131进行实弹测试，在C-131的左舷货舱门位置固定了一个支架，上面固定了1个7.62毫米的SUU-11A/A机枪吊舱。测试获得成功。

特里上尉和项目团队的其他成员，还有4个SUU-11 A/A吊舱，被一起送到南越实施作战评估和测试。

特里上尉的团队在1964年10月抵达边和，找到一架C-47B-5-DK邮件快递机，进行了改装。3个7.62毫米的SUU-11A/A机枪吊舱被安装到货舱里，其中两个安装在左舷的最后两个舷窗位置，第三个安装在货舱门位置。他们还在驾驶舱左侧舷窗位置安装了一个来自A-1E"天袭者"的MK 20 Mod 4瞄准具，在飞行员的操纵盘上安装了可以控制单具吊舱射击或三具齐射的按钮。

单具吊舱的射速是3000发/分或6000发/分，飞机在910米高度以222千米/时的

特里团队对C-47B-5-DK邮件快递机进行的改装

空速在目标上方盘旋时，C-47能在3秒内把普通弹丸和曳光弹散布在一个足球场的每寸地面。而且，凭借飞机上装载的24 000发子弹和45发照明弹，C-47可以在目标区域停留一小时进行持续火力压制。C-47的货舱前部也经过改装以容纳这24 000发7.62毫米子弹和45发20万坎的照明弹，后者可以由机组从敞开的货舱门扔出去。飞机加装的其他设备还有甚高频和超高频无线电，和地面部队联络用的调频指挥无线电，以及塔康战术空中导航系统和敌我识别设备。

12月11日，特里组建了两队机组，分别由杰克·哈维上尉和李·约翰逊上尉率领。

12月15日，改进后的飞机被分配到第1空中突击队中队进行作战测试，被称为FC-47，它的主要任务是在"北越"游击队的攻击中保护村庄和人员。

1964年12月23日至24日，FC-47先是飞到位于湄公河三角洲的清颜，在这里倾泻了17枚照明弹和4500发子弹，迫使"北越"军队终止了进攻。然后又飞到忠雄，用4500发子弹再次逼退了"北越"军队。

12月25日至26日，FC-47成功出击作战了16架次。

1965年2月8日，一架FC-47在飞过越南中部高地阻滞越共进攻的过程中显示出它的威力。4个小时飞行过程中，它向越共所在的山顶位置发射20 500发子弹，估计打死越共部队300多人。1965年7月，美国空军总部下令建立一个AC-47中队。1965年11月，第4空中突击中

AC-47最初使用SUU-11A/A航空炮吊舱,后来艾默生电气研制出MXU-470/A来代替航空炮吊舱,它也被用于后来的武装炮艇机

队共有5架飞机，在越南战争期间增长到20架AC-47（16架飞机加上4架备用飞机）。

第4空中突击中队部署到越南的AC-47使用的无线电呼号为"幽灵"。在1968年初溪山的包围战中，每天晚上，AC-47武装炮艇机都要用火力对抗敌军偷袭。在黑暗中，AC-47武装炮艇机也可对敌军位置投掷照明弹。

1965年有53架C-47被改装为AC-47，其中有41架在越南服役，越南战争中损失了19架AC-47。战斗报告表明，"幽灵"中队在保护村庄的过程中起到了重要作用，其中也提到飞行员驾驶着飞行缓慢的AC-47在目标上空兜圈子时，容易受到地面防空火力的攻击，有些防空火力甚至还有雷达射击指挥仪。

AC-47数据

基础数据

* 乘员：7人

* 长度：19.6米

* 翼展：28.9米

* 高度：5.2米

* 机翼面积：91.7米^2

* 空重：8200千克

* 装载重量：14 900千克

* 动力装置：2台普惠R-1830星型发动机，每台功率895千瓦

性能

* 最大飞行速度：375千米/时

* 巡航速度：280千米/时

* 航程：3500 千米

* 升限：7450 米

* 翼载荷：162.5 千克/米^2

* 功率/质量：240 瓦/千克

武器

* 枪：

　3 挺 7.62 毫米通用电气 6 管 GAU-2/M134 机枪

　10 挺 7.62 毫米勃朗宁 AN/M2 机枪

* 48×24Mk 照明弹

2.14 费尔柴德 AC-119

AC-119 是美国空军在 C-119 运输机基础上改装的炮艇机，有 AC-119G"阴影"（Shadow）和 AC-119K"毒刺"（Stinger）两种型号，用以取代道格拉斯 AC-47"幽灵"和补充早期型 AC-130"幽灵"武装炮艇机数量的不足。

1967 年年底，固定翼武装炮艇机的想法已经被证明非常成功。较新的 AC-130 炮艇 II 型已投入使用，主要用于武装侦察和拦截"胡志明小道"的物资或人员运输。空军迫切需要一种新的武装炮艇机，以取代脆弱且动力不足的 AC-47，完成近距离空中支援任务，以及补充在对"胡志明小道"攻击的 AC-130 的数量不足。

选择 C-119 运输机进行改装的原因是，C-123 和 C-130 处于一线服务状态，C-119 虽然是已经被淘汰的飞机，但 C-119 在美国空军储备充足且仍可以飞行。

1968 年 2 月，美国空军开始计划炮艇 III 项目，26 架 C-119G 被改装为

AC-119G，无线电呼号为"阴影"。还有26架C-119G被改装为AC-119K，呼号"毒刺"，主要用于在"胡志明小道"上扮演"卡车猎人"的角色。AC-119K增加了20毫米6管M61"火神"炮，这是区分携带7.62毫米GAU-2A/A机枪的AC-119G的标志。在外观上，AC-119G和AC-119K可以通过翼下是否安装通用电气的涡轮喷气发动机J85进行区分。

AC-119G武装炮艇机

武装炮艇机III型，意味着对AC-119的装备要比另两种飞机更先进。AC-119G安装了最先进的新型APR-25和APR-26电子对抗和雷达设备，采用了更多的新技术，包括AVQ-8的氙气灯、夜视仪和LAU-74/A照明弹发射器等。为了保障成员安全，AC-119G还加入陶瓷装甲。新设备由APU辅助动力装置供电，与AC-47相比，增加了弹药携带量。AC-119G装有4挺7.62毫米GAU-2A/A机枪或SUU-11A/A吊舱，后来很快被改为7.62毫米MXU-470/A机枪。

AC-119K旨在打击"胡志明小道"的卡车，甚至比AC-119G更先进，装有AN/APN-147多普勒导航雷达、AN/AAD-4前视红外夜视仪、AN/APQ-133

侧视信标跟踪雷达和AN/APQ-136搜索雷达。7.62毫米机枪的射程和杀伤力有限，为了对付地面车辆，AC-119K还加装了威力更大、有效射程更远的两门20毫米6管M61"火神"炮。

加装了2门20毫米6管M61"火神"炮的AC-119K

1968年11月，飞机部署到越南，AC-119G被编入第71特种作战中队，AC-119K被安置在第18特种作战中队。在越南战争期间，只损失了5架AC-119武装炮艇机。

AC-119G主要用于对地面敌军部队进行空中打击，支援友军地面部队和进行空军基地防御。AC-119G由于7.62毫米机枪射程的限制，飞行员只能保持在敌人轻武器火力的覆盖范围外的高度上向敌方部队射击。飞行员回忆起当年尴尬的经历：当晚他们发现一辆"北越"卡车独自行驶，在609.6米高度上机枪向卡车发射了数千发子弹。卡车在尘土中消失了，大家非常高兴。等烟雾散去后他们惊讶地发现卡车不仅未被击毁，还在往回开，而机枪引起的地面火灾竟然为卡车点亮了道路。

AC-119K则在狩猎车辆的

AC-119K机翼下安装有通用电气J85涡轮喷气发动机

任务上表现出色。2门6管20毫米炮可以远距离摧毁大多数苏联卡车，甚至可以对付轻型坦克或者其他轻型装甲目标。1971年2月28日，AC-119K在进行空中支援时，击毁了"北越"的8辆PT-76水陆两栖坦克。后来，AC-119K减少了7.62毫米机枪弹药量，而增加了20毫米炮弹的弹药量。AC-119K很快成为"胡志明小道"上"北越"卡车司机的梦魇。AC-119K和陆军的OV-1"莫霍克"侦察机配合形成猎杀队，OV-1寻找进入"胡志明小道"的卡车，为AC-119K指示目标，AC-119K负责摧毁目标。在1970年4月至5月为期一个月的试验计划中，OV-1和AC-119K组

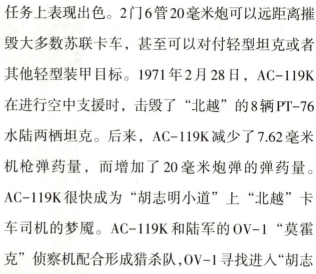

1970年，AC-119K在封锁"胡志明小道"过程中向地面目标猛烈开火

成的猎杀队共出击14次，摧毁或损坏60到70辆卡车，比武装炮艇机单独执行任务有效得多。令人印象更深刻的是，OV-1属于陆军，AC-119K属于空军。任务成功率是靠飞行员之间最短和最原始的沟通来实现的。

AC-119G数据

基础数据

*乘员：6人（昼间），8人（夜间）

* 长度：26.36米

* 翼展：33.31米

* 高度：8.12米

* 机翼面积：130米²

* 空重：18 200千克

* 最大起飞重量：28 100千克

* 动力装置：2台莱特R-3350-85"双面旋风"星型发动机，每台功率2610千瓦

性能

* 最大飞行速度：335千米/时

* 巡航速度：240千米/时

* 航程：3100千米

* 升限：7100米

武器

* 4挺7.62毫米6管GAU-2A/A、SUU-11A/A或MXU-470/A

* 60×24Mk照明弹（使用LAU-74/A照明弹发射器）

2.15 洛克希德AC-130武装炮艇机

洛克希德AC-130武装炮艇机（Lockheed AC-130 gunship）是以洛克希德C-130"大力神"（Hercules）运输机为基础改装而成的全副武装、长航程地面攻击机，主要用于空中支援与武装侦察。它集成了先进的传感器、导航和火控系统。不像其他军用固定翼飞机，AC-130依靠目视攻击。由于其庞大的机体和约2133.6米低空的飞行高度，它成为一个容易被攻击的目标，故通常在夜间执行近距空中支援任务。

在越南战争中，道格拉斯AC-47获得成功。美国空军开始考虑用C-130更换道格拉斯C-47，以提高任务耐力和携带弹药的能力。第二代炮艇机能够在第一代炮艇机同样的高度飞行，速度有很大提高，盘旋能力也更强。

越南战争期间，C-130A被改装成AC-130A武装炮艇机（炮艇II型）。机身由洛克希德·马丁公司生产，波音公司负责改装成武装炮艇机。这些修改是在莱特-帕特森空军基地的航空系统分部完成的。1970年，美国空军"快速铺路"计划又追加了9架AC-130A。

AC-130U在释放干扰弹

由于AC-130计划的成功，美国空军在"铺路鬼怪"（Pave Spectre）计划中将11架C-130E改装为AC-130E"鬼怪"（Spectre）。

自1973年起，10架在战火中幸存的AC-130装上了升级版的艾利森T56-A-15涡桨发动机，成为AC-130H。AC-130在越战期间的最后一次改良，是在"铺路神盾"（Pave Aegis）计划中，换上了火力惊人的105毫米M102榴弹炮与激光指示器。

2007年，美国空军特种作战司令部推出AC-

130U 的计划，计划用 25 毫米 5 管 GAU-12/U 航空炮替代 20 毫米 6 管 M61 "火神"炮。AC-130U 配备的 AN / APQ-180 合成孔径雷达，可探测和识别远距离目标，导航设备包括惯性导航系统和全球定位系统。AC-130U 允许同时攻击两个目标。

AC-130A

2007 年，在 AC-130U 上用 2 门 30 毫米 MK 44 "毒蛇" II 航空炮替代了原有武器。空军改进的 4 架 AC-130U 武装炮艇机作为新武器测试平台。计划取消后，AC-130U 重新安装了武器，105 毫米炮、40 毫米炮和 25 毫米炮重新回到战斗值勤状态。

随着航空炮等武器的升级，空军又推出 AC-130W 和 AC-130J。AC-130U 和 AC-130W 负责近距空中支援、空中遮断和部队保护，AC-130J 则是近距空中支援，包括捍卫空军基地和其他设施。AC-130U 在佛罗里达州赫尔伯特机场，而 AC-130W 在新

105 毫米 M102 榴弹炮与 40 毫米 L/60 博福斯加农炮

装有 GAU-12/U 航空炮、L/60 博福斯加农炮和 M102 榴弹炮的 AC-130U

墨西哥州坎农空军基地。

AC-130装置有各型口径不同的航空炮，包括后期型所搭载的40毫米博福斯炮或105毫米榴弹炮，对于零星分布于地面、缺乏空中火力保护的部队有致命性的打击能力。在接近半个世纪的服役期间，AC-130有过六种不同改型，分别是洛克希德负责改装的AC-130A/E/H三型、洛克威尔（Rockwell）的AC-130U"幽灵"（Spooky）、AC-130J"幽灵骑士"式（Ghostrider）与AC-130W"毒刺"II（Stinger II）。新的改型可以发射导弹与激光制导炸弹，具有视距外作战的能力。

AC-130U 上的 2 门 30 毫米 MK 44 "毒蛇" II 航空炮

AC-130A

1965年起，美国空军的航空系统部（开始将第13架次的量产型 C-130A 改装成 AC-130A，改装范围包括加装4门20毫米6管 M61 "火神"炮、4挺7.62毫米6管 M134

机枪、红外干扰弹发射装置及改良目视瞄准系统。这架试验机在1967年末于越南测试成功之后，立刻获得一纸合约，将7架C-130A改装为AC-130A。实际量产版的AC-130A拥有与试验机相同的火力，且增加了APQ-133侧视跟踪雷达、AN/APQ-136移动目标显示雷达（MTI radar）、AN/ASD-5磁异常探测器和AN/ASQ-145微光电视传感系统。在1968年底之前，已经有4架AC-130A开始在驻扎于泰国乌汶的第14空中突击大队服役。之后，空军推出有2门20毫米6管M61"火神"炮、2挺7.62毫米6管

正在转向的AC-130A

M134机枪和2门带有火控系统的40毫米博福斯火炮的"惊喜组件"（Surprise Package）计划，并又在"快速铺路"计划中根据前述标准追加改装了9架C-130A，并加强其雷达与火控系统。

AC-130E/H

AC-130E"鬼怪"拥有更重的装甲、包括APQ-150信标追踪雷达在内的更优异航电功能与更大的载弹量。

在越南战争结束之后，所有幸存的AC-130A与AC-130H型机全都返回美国本土，由驻扎于佛

罗里达州艾格林空军基地的第1特殊任务大队操作。原本机上所装的前射与后射航空炮陆续被撤除，并在1978年加装空中加油口。在20世纪90年代前期的"特殊任务火力加强"（Special Operations Force Improvement, SO-FI）计划中，这些AC-130H改装了最现代化的各种感应器、新型火控计算机、电子对抗装置与导航、通信设备。

越南战争之后，AC-130曾陆续参与过1983年10月美军出兵格林纳达的"紧急狂暴"行动（Operation Urgent Fury），1989年出兵巴拿马的"正义之师"行动（Operation Just Cause），1991年的"沙漠风暴"行动（Operation Desert Storm）。有5架AC-130H参与过"沙漠风暴"行动，负责在夜间攻击地面目标，其中一架折损。之后，又有一架AC-130H在1994年美国出兵索马里时折损。AC-130H也曾在波斯尼亚的北约维和任务中执行过夜间巡逻任务。

机龄老旧的5架AC-130A在1995年9月10日全部退役，美国军方还正式举办了一场纪念仪式。在5架退役的飞机中，机尾编号53-3129、昵称为"第一夫人"（The First Lady）的一架AC-130A其实是由1953年从洛克希德位于乔治亚州的厂房滑出的C-130原型机改装而来的。在退役后，"第一夫人"被安置在艾格林空军基地武器博物馆中，被永久展览。

较新颖的AC-130H则在改过编号的第16特战中队继续服

1988年，AC-130H"幽灵"在佛罗里达州赫尔伯特机场附近

役，驻扎于佛罗里达州赫尔伯特机场。自从升级为AC-130E并取消了前向与后向的航空炮之后，AC-130的武器全都集中在机身左舷侧。因此，当AC-130在进行攻击时，是以逆时针方向围绕着欲攻击的目标绕圈旋转，以便施予定点目标集中且来自四面八方的密集炮火，瞬间将地面武力瓦解。在越战期间，AC-130机群共击毁超过10 000辆的敌军车辆。

AC-130U

相较于越战时代开始发展的几个AC-130前期版本，AC-130U"幽灵"空中炮艇是在20世纪80年代中期才开始发展的。为了强化特殊任务部队的作战能力，1987年7月，洛克威尔获得合约开始新机种的建造，以13架新出厂的C-130H为基础进行武装化。第一架AC-130U于1990年12月20日首度试飞，自1991年9月起在加州的爱德华空军基地进行测试。

同样是使用4台艾利森T56-A-15涡轮螺旋桨发动机，AC-130U还包含1门博福斯40毫米L/60炮与1门M102型105毫米榴弹炮。原本在AC-130H上的2门M61航空炮被1门25毫米5管GAU-12航空炮取代，备弹3000发，装在具有自动补偿装置的炮座上，射速高达1800发/分，射程超3657.6米。

除了强大的火力外，新版的空中炮艇也在电子系统上有大幅的提升，包括：AN/APQ-180火控雷达（F-15E战机上的APG-70的衍生版本），AAQ-

改装的第15架AC-130U

117前视红外仪，附有激光指示与测距功能的全主动微光夜视摄影机（装置在机首下方突起的炮座上，拥有360°的环景视野），ALQ-172电子干扰器及其他反制干扰的发射装置，由IBM IP-102任务电脑串联起来的主控单元（可让AC-130U同时攻击两个目标），惯性导航系统与全球卫星定位系统（使AC-130U具有全天候的任务飞行能力）。由于设有压力气密舱，AC-130U能巡航于较高的空域以降低巡航时的油耗，进而提升最大航程。

因为机上装置有大量的武器与设备，所以操作人员比较多。AC-130U需要13名成员，包括5名军官（驾驶、副驾驶、导航员、火控系统操作员、电子对抗系统操作员各1名）与8名士兵（飞行工程师、微光夜视系统操作员、红外线侦察设备操作员、填弹手各1名，炮手4名）。

AC-130W

为了强化AC-130炮艇的攻击火力与战场生存率，2005年起，美国空军特种作战司令部开始评估在AC-130上换装120毫米迫击炮系统。120毫米迫击炮拥有更远的攻击距离与更强的破坏力，除此之外，军方也在评估给AC-130装上例如AGM-114"地狱火"导弹之类、拥有视距外打击能力的武装系统，提升该机种的使用弹性与战斗力。另外，军方也在测试以新型的MK 44型30毫米"毒蛇"II航空炮同时取代20毫米、40毫米两种火炮的可行性。AC-130W装有1门30毫米MK 44"毒蛇"II型航空炮，AGM-176"格里芬"导弹或者105毫米榴弹炮，GBU-39小直径炸弹（SDB）。

AC-130J

美国空军发起一项倡议，在2011年改进16架新的武装炮艇机，并将MC-130J改装为AC-130J，这将使武装炮艇机的数量增加到33架。2013年1月9日，美国空军开始改装AC-130J，并于2015年7月29日交付第1架AC-130J给空军特种作战司令部，于2017年开始服役。

随后，空军决定把105毫米炮除去，把30毫米MK 44航空炮和智能导弹、GBU-39小直径炸弹与无人机添加到AC-130J上。空军特种作

AC-130W

战司令部有兴趣加入定向能武器到AC-130J中，它类似于之前的先进战术激光，能产生120千瓦，甚至可能在180~200千瓦的光束，重约2300千克，将被安装在30毫米炮的位置，可以摧毁空中目标和地面目标，打击的目标包括建筑物、人员、轻型装甲车、卡车、汽车、导弹发射车和炮兵阵地等。最大射程18.5千米，可以在3000米高空打击以72千米/时行驶的地面车辆。其他潜在的新增功能包括：在空中控制地面人群；无人机从普通发射管发射，按照编程飞行，也可通过无人机操作员进行操作；远程视频输入可进行侦察或引导武器攻击目标；智能导弹和GBU-39或GBU-53/B炸弹，可以选用红外成像、激光或毫米波导引

AC-130J（机翼下装有GBU-39小直径炸弹）

头，命中精度可控制在1米之内，可显著降低攻击时造成附带毁伤的风险。

AC-130数据

基础数据

* 乘员：13人。军官5人，士兵8人

* 长度：29.8米

* 翼展：40.4米

* 高度：11.7米

* 机翼面积：162.2米^2

* 装载重量：55 520千克

* 最大起飞重量：69 750千克

* 动力装置：4台T56-A-15涡桨发动机，每台功率3700千瓦

性能

* 最大飞行速度：480千米/时

* 最大航程：4070千米

* 升限：9100米

装备

AC-130A武装炮艇机II型

* 4挺7.62毫米6管GAU-2A/A机枪

* 4门20毫米6管M61"火神"炮

AC-130A"惊喜组件"计划，"快速铺路"计划

* 2挺7.62毫米6管GAU-2A/A机枪

* 2门20毫米6管M61"火神"炮

* 2门40毫米L/60博福斯加农炮

AC-130E "铺路神盾" 计划

* 2门20毫米6管M61 "火神" 炮

* 1门40毫米L/60博福斯加农炮

* 1门105毫米M102榴弹炮

AC-130H "幽灵"

* 2门20毫米6管M61 "火神" 炮

* 1门40毫米L/60博福斯加农炮

* 1门105毫米M102榴弹炮

当前AC-130H装备

* 1门25毫米5管GAU-12/U加特林炮

* 1门40毫米L/60博福斯加农炮

* 1门105毫米M102榴弹炮

AC-130U "幽灵" II

* 1门25毫米5管GAU-12/U加特林炮

* 1门40毫米L/60博福斯加农炮

* 1门105毫米M102榴弹炮

AC-130W "毒刺" II / AC-130J "幽灵骑士"

* 1门30毫米ATK GAU-23/A航空炮

* 1门105毫米M102榴弹炮（AC-130J）

* "枪手"武器系统与AGM-176"格里芬"导弹或GBU-44/B"蝰蛇"打击弹药（10发弹匣）

* AGM-114"地狱火"导弹

*GBU-39 SDB 或 GBU-53/B SDB

*无人机

2.16 伊留申 伊尔-2

伊留申的伊尔-2是苏联在二战期间生产的一种对地攻击机。在战争期间生产了36 183架伊尔-2，连同它的后续机型伊尔-10，共生产了42 330架，是航空历史上单产量第二大的军用飞机。

斯大林曾这样评价伊尔-2：伊尔-2对红军来说就像呼吸的空气和吃的面包一样重要。

当时的苏联缺少供重型飞机使用的发动机。设计师谢尔盖·伊留申和他的团队于1938年设计了一种双座飞机 TsKB-55，装甲外壳重700千克，以保护乘员、发动机、散热器和油箱。TsKB-55重达4700多千克，装甲外壳约占飞机总重量的15%。这是一款独特的二战攻击机，与一战时期的德国容克JI的设计相同——全金属双翼飞机。

TsKB-55的装甲被设计成飞机的部分硬壳结构，从而使整个飞机节省了相当大的重量。苏-2、PBSh-1（即米格-4）、PBSh-2（即米格-6）都使用过这种设计，但后两者没有投入生产。

苏-2虽然在各项性能指标上都超过后来的伊尔-2，但却因为战争初期遭受毁灭性的损失而被不公正地放弃了。

TsKB-55由于超重和动力不足，发动机重新使用1022千瓦的米库林AM-35。斯大林亲自要求伊留申将TsKB-55由纯粹的双座低空攻击机改为可从高空进入敌军阵地的单座轰炸机。据此，很快完成了新的设计，单座，使用1254千瓦的米库林AM-38发动机，被称为TsKB-57。它主要是在TsKB-55的基础上改变机翼位置、机身长度，并且由双座变成了单座，发动机改为AM-38型。虽然油箱扩大导致重量进一步增加，但是TsKB-57的速度仍比装有米库林AM-35的TsKB-55高。TsKB-55于1939年10月首飞，TsKB-57于1940年10月12日首飞。TsKB-55和TsKB-57在莫斯科39号工厂生产，这是当时伊留申设计局的基地。TsKB-57在座舱上装有厚度57毫米的防弹玻璃，机翼武器也强化为20毫米口径的ShKAS和ShVAK航空炮各2门，机翼下可携带8枚RS-82型火箭弹。1941年3月生产型飞机通过国家验收试验，并重新命名为伊尔-2。

1941年5月下旬，第一批伊尔-2的量产型被配发到第4对地航空攻击团，在6月22日德

1942年乌克兰放弃的伊尔-2

军进攻苏联时，苏联空军至少已经拥有249架伊尔-2。伊尔-2飞机是如此的新，大部分伊尔-2的飞行员以前都是飞双翼飞机，所以对这种单翼飞机很不习惯。飞行员只进行过短暂的飞机起降训练，而没有进行过飞行或战术训练，地勤人员也没有接受过相应的维修或重新装填武器及油料的训练；没有飞行员了解如何使用武器，更不用说学会对地攻击战术了；加上新型武器总会有的机械不可靠等缺点，伊尔-2在开战初期遭受了惨重损失，其中事故损失和战斗损失各占一半。由于伊尔-2的机动性差，又没有后座防御，德军战斗机都将它作为首选猎物。再者，最初的伊尔-2被设计成两座单发动机，是专为攻击地面设计的单翼飞机。实际重量比设计重量重，导致飞行指标恶化。先是以单纯减少一名成员来减轻重量，结果导致整个飞机重心发生变化，后又不得不增加重量来弥补。

伊尔-2机翼上的20毫米航空炮改成23毫米VYa-23型，并且在机舱盖加上附加装甲。因为金属原料匮乏，所以中期生产的伊尔-2机身后半部分为木制，更晚的伊尔-2甚至连机翼都是全木制的。双座型主要是在木制机翼的后期型伊尔-2基础上加上后座，并向后安装一挺贝雷金UBT型12.7毫米机枪。重量的增加使最高时速下降了十几千米，火箭弹的携带量也被限制在最多4枚。因为加装了后座机枪，伊尔-2M的生存能力大大提高，德军战斗机遂将后座机枪手作为射击重点。

伊尔-2除了能发射普通炸弹之

伊尔-2挂弹展示

外，还可发射反坦克火箭弹和称为PTAB的小型炸弹。虽然以当时的技术来说，火箭弹的命中率低得可怜，但是一旦命中，RS-82型火箭可击穿50毫米装甲，而RS-132型的穿甲厚度达到了70毫米。这对当时任何德国坦克的顶部装甲来说无异于灭顶之灾，因此德国地面部队尤其是装甲兵将伊尔-2称为"黑死神"。在二战后期，苏联的物资供应趋于缓和，因此从1944年开始出厂的伊尔-2都改为全金属机翼，更晚的型号将机身后部也改为全金属。

在1941年6月22日德国开始入侵苏联的头三天内，第4航空攻击团有10架伊尔-2被敌人击落，其他原因损失19架，20名飞行员丧生。7月10日，第4航空攻击团可用的伊尔-2从65架下降到10架。

后来苏联人改进了战术，苏联机组人员习惯了利用伊尔-2的低空优势。在50米高的低空进入，目标通常保持在飞行员的左边，使用30°的转弯和浅俯冲进行攻击，由4到12架飞机组成一组出击。伊尔-2的RS-82和RS-132火箭弹或者炸弹可以击毁大部分装甲车辆。

经验丰富的伊尔-2飞行员主要使用23毫米VYa-23航空炮攻击地面目标。伊尔-2的重装甲也意味着它通常只携带比较轻的炸弹和火箭弹。1943年，苏联决定用PTAB-2.5-1.5反坦克炸弹打击敌方装甲车辆。PTAB-2.5-1.5的圆径具有2.5千克级，由于成形装药中间是空的，故其实际重量仅为1.5千克。4个

苏联的伊尔-2在库尔斯克战役中攻击德国地面目标

第2章 沙场点兵——型号介绍

外挂架（可以挂上192枚集束炸弹）加上腹部内挂架，共可以挂220枚PT-AB-2.5-1.5，它可以轻易地穿透所有德国重型坦克的相对薄的上部装甲。PTAB首先在库尔斯克战役中被大规模使用。192枚炸弹一次性可以覆盖70米长、15米宽的范围。1943年6月5日的一次战斗中，6架伊尔-2摧毁了15辆敌人的坦克。

伊尔-2被广泛部署在东线。该机在全天候条件下，能打败装有厚重装甲的"豹"式和"虎"式坦克。很难从现有的文件中判断出伊尔-2的真正能力。

但从1943年7月7日当天的两份行动报告中可以看出，伊尔-2攻击机在库尔斯克战役中起到了重要的作用。

第一份报告出自德国第9装甲师：伊尔-2在短短20分钟里摧毁了70辆坦克。

另一份报告出自苏联：地面部队高度重视航空兵在战场上的工作。在许多情况下，由于我们的空中行动，敌人的攻击受到阻挠。7月7日，在卡什拉地区（第13军）遭到敌坦克攻击，一度与总部失去联系。我们的攻击机发动了3次强有力的攻击，每组20至30架，造成敌方至少34辆坦克毁坏和残废。敌人被迫停止进一步的攻击，并撤出在卡什拉以北的残余部队。

在库尔斯克会战中，第1攻击航空兵团在梁赞诺夫的指挥下，发展和改进了伊尔-2与步兵、炮兵和装甲部队的战术配合。伊尔-2在库尔斯克使用了"死亡之圈"战术：最多8架伊尔-2形成一个防御圈，每架飞机用机枪保护前面的一架飞机，而单独的伊尔-2轮流离开圈，攻击目标，然后重新加入圆圈。梁赞诺夫后来两次被授予苏联英雄称号，他所指挥的第1攻击航空兵团被授予近卫称号，成为第1近卫攻击航空兵团。1943年，第1攻击航空兵团采用这一战术后只损失了26架伊尔-2。

5至12毫米厚的装甲浴缸包围了发动机和驾驶舱，它可以承受小口径弹药和轻武器射击，故伊尔-2难以被地面防空火力击落。

这架伊尔-2伤痕累累，却仍能坚持飞回基地

有1架伊尔-2被命中600多次，其主装甲和其他结构完全损坏，机翼上面留下众多的弹孔。但这架飞机还是安全降落了。

德国人给它的绰号是"飞行坦克"。空军飞行员称它为"混凝土轰炸机"。芬兰人称它为"拖拉机"。

伊尔-2的主要威胁来自地面火力。在战后采访时，伊尔-2飞行员说20毫米和37毫米防空炮是主要的威胁。88毫米高炮口径虽大，但低空飞行的伊尔-2飞行速度快，88毫米高炮命中率比较低，只有偶尔的命中。

1944年，尽管芬兰用76毫米高炮加强军队的20毫米/40毫米防空炮，仍然很少有伊尔-2被击落，破片战斗部的炮弹已经在高炮中使用了，只是重型高

伊尔-2M攻击机编队

炮缺乏反应时间，难以利用伊尔-2低空飞行的机会。单管20毫米高射炮火力有限，1到2发炮弹往往不足以破坏伊尔-2，除非直接命中多发。为了提高性能，米库林设计局开始设计大功率的AM-38发动机。新发动机的起飞功率达到1268千瓦，最佳工作高度为750米，改进了起降和低空性能。1942年10月30日，搭载AM-38发动机的伊尔-2第一次攻击了敌方阵地，成功地攻击了被德国人占领的斯摩棱斯克机场。伊尔-2的后座机枪被证明相当有效，仅仅在服役试验阶段，后座枪手就击落7架Bf 109。在1943年1月，搭载大功率AM-38F发动机的伊尔-2开始在前线部队服役。

早期型伊尔-2是在驾驶舱后面的机身切割出炮手位置，炮手坐在帆布吊带上操作1挺12.7毫米UBT机枪。机枪射界为向上35°，左右15°。试验表明，飞机的最大速度降低了20千米/时。此外，重心位置的转移导致双座型难以操纵。

1942年3月，新的双座驾驶舱开始研制：机身下面与两侧安装12毫米厚钢板，驾驶舱有厚65毫米的防弹玻璃，炮手前有6毫米厚的钢板保护，加长的机身舱与扩大了的舱盖也可提供保护。因为新驾驶舱和装备重达170千克，所以

伊尔-2后座的12.7毫米UBT机枪

机翼向上提高了17°，以避免过长的起飞滑跑。

1944年之后的生产型，13毫米的装甲外壳的后板向后移动，后机身炮手坐在油箱的后面。虽然侧面装甲没有延伸到后方或下方，但紧紧靠着后方装甲板以保护12.7毫米机枪的弹药。在加入后炮手和12.7毫米机枪后，枪手的重量和加长座舱是伊尔-2采用后掠外翼的原因。

由于战斗机短缺，在1941年至1942年，伊尔-2偶尔被当作战斗机使用。虽然同专业的战斗机（如Bf 109和Fw 190）进行空中格斗不占优势，但在空战中，伊尔-2也有战果。德国人的亨舍尔Hs 126就不是伊尔-2的对手。伊尔-2飞行员还经常攻击紧密编队飞行的容克Ju 87，因为容克Ju 87的7.92毫米机枪对伊尔-2的重装甲无效。1941年冬季，伊尔-2成为德国空军运输机最危险的对手。1942年至1943年，斯大林格勒附近，伊尔-2的目标不仅仅是地面目标，还有空中的容克Ju 52、亨克尔He 111和福克Fw 200"秃鹰"轰炸机，以及为被围困的德国军队运送物资的任何飞机。

伊尔-2无论是在空战中还是攻击地面目标时，都是一个可怕的对手，2门23毫米炮对缓慢的轰炸机和运输机、高速的战斗机都相当有效。

伊尔-2的主要损失来

苏联空军的伊尔-2M

自战斗机和地面防空炮。1941年至1945年，苏联损失了10 762架各种型号的伊尔-2（1941年533架，1942年1676架，1943年3515架，1944年3347架，1945年1691架），数量上是苏联飞机中损失最多的，这是因为伊尔-2战术运用的大部分时间是在低空一线，吸引了所有的敌方防空炮和战斗机。即便如此，在整个战争期间，攻击机的存活率明显高于轰炸机和战斗机。伊尔-2比其他苏联飞机的安全性更高。

至1945年5月10日，各条战线的空军部队中，还有3075架伊尔-2和伊尔-2U，214架伊尔-2KR，146架伊尔-10。

获得2次苏联英雄称号的飞行员有26人，其中有3人出击次数超过300次，4人超过250次，14人超过200次，5人超过150次。获得1次苏联英雄称号的飞行员有116人，其中不乏出击次数超过200次的人。获得3次光荣勋章的有11人。

伊尔-2M3数据

基础数据

* 乘员：2人

* 长度：11.6米

* 翼展：14.6米

* 高度：4.2米

* 翼面积：38.5米^2

* 空重：4360千克

* 装载重量：6160千克

* 最大起飞重量：6380千克

* 动力装置：1台米库林AM-38F型液冷式（功率1283千瓦）

性能

* 最大飞行速度：414千米/时

* 最大航程：720千米

* 升限：5500米

* 爬升率：10.4米/秒

* 翼载：160千克/米^2

* 功率/质量：0.21千瓦/千克

武器

* 2门23毫米VYa-23炮（备弹150发）或2门37毫米NS-37炮

* 2挺7.62毫米施瓦克机枪（备弹750发）

* 1挺12.7毫米UBT后座机枪（备弹300发）

* 炸弹600千克

* 8枚RS-82火箭弹或4枚RS-82/RS-132火箭弹

* 192枚PTAB-2.5-1.5集束炸弹

2.17 伊留申 伊尔-10

伊留申的伊尔-10是苏联的对地攻击机，在二战结束前由伊留申设计局研制。在捷克斯洛伐克特许生产的机型称为阿维亚B-33（Avia B-33）。

在二战中，苏联空军的伊尔-2搭载了米库林AM-38直列发动机。随着战争的进行，苏联开始考虑伊尔-2的继任计划，以提高低空飞行速度和飞机的机动性，有效地规避小口径高射炮的攻击。

1942年，谢尔盖·伊留申被要求设计一架可以载弹1000千克的重型攻击机。他选择扩大伊尔-2的机体和使用功率更强大的新型米库林AM-42发动机，这基本上是伊尔-2的等比放大，代号伊尔-8。

伊尔-8的设计虽然基于伊尔-2，但这是一种全新的飞机。第1架装有

23毫米VYa-23炮和一个木制的机身后部。第2架装有37毫米NS-37航空炮和金属机身后部。第一次飞行是在1943年5月10日，原型作为攻击机和炮兵观测机进行了测试。飞行测试相当成功，伊尔-8的低空速度比伊尔-2快了50千米/时。速度增加了15%，航程增加了两倍。

飞行试验中发现，AM-42发动机尚未完善，工作性能不可靠，烟熏和振动问题没有解决。但伊尔-8在水平和垂直机动性方面强于伊尔-2。BSH M-71（伊尔-8 M-71）原型机装了M-71发动机，它没有进行生产。

1943年，谢尔盖·伊留申设计了伊尔-1，这是一种单座或双座的重装甲防护战斗机，主要用于攻击敌方自卫火力强大的轰炸机和运输机。伊尔-1相似于伊尔-2的设计，但是更现代化，结构紧凑，安装了米库林AM-42发动机。后来，苏联空军放弃了重装甲防护战斗机的想法，原因是其飞行速度慢，无法拦截现代化快速飞行的轰炸机。谢尔盖·伊留申决定把伊尔-1的设计融入双座攻击机中，指定型号为伊尔-10。

伊留申也完成了重型攻击机伊尔-8的原型设计，使用与伊尔-2相同的发动机。伊尔-8的载弹量可以达到1000千克，但比伊尔-10的性能略低。这两种飞机在1944年4月首飞，伊尔-10被证明优于伊尔-8。伊尔-10在1944年6月初顺利通过审核。

1942年，苏霍伊设计局设计了苏-6攻击机，同样由AM-42发动机提供动力。虽然战争初期苏-2在各项性能指标上都超过后来的伊尔-2，但在苏-6与伊尔-10的对比测试中，伊尔-10获胜，被选为新的对地攻击机。尽管还有一些意见认为苏-6更好，但是苏-6原型机在进行最大挂载量测试时发现，重量的增加对飞机的性能影响很大，而伊尔-10在最大挂载时，飞机的性能几乎不受影响。

1944年8月23日，苏联国防委员会决定伊尔-10被作为一种新的对地攻击机进入批量生产。它的武器装备最初类似于最新型号的伊尔-2，在机翼内有2门23毫米VYa-23航空炮，2挺7.62毫米ShKAS机枪和1挺12.7毫米UBT后座机枪，不同于伊尔-2和苏-6，伊尔-10最初并未携带火箭弹。

1944年9月27日，伊尔-10开始生产。1944年发现在第1和第18工厂生产的早期飞机有磨合问题，出在发动机上，设计上的

伊尔-10原型机

缺陷会导致发动机出现故障和发生火灾。1945年4月，生产型可携带4枚非制导航空火箭弹，武器为机翼内4门23毫米NS-23航空炮和1门后座20毫米航空炮。至1949年生产结束时，第64号工厂共生产了4600架伊尔飞机。1945年至1947年生产了280架伊尔-2U与伊尔-10U教练机。教练机尾部机枪手的座舱被双重控制驾驶舱所取代，它的性能和伊尔-10生产型相似，武器减少到2门23毫米航空炮和两枚火箭弹及炸弹。

伊尔-10使用12缸

伊尔-10，机翼上有NS-23航空炮，机翼下有炸弹挂架和挂载的火箭弹

直列V型米库林AM-42液冷发动机，功率为1302千瓦，起飞功率为1471千瓦。3叶片螺旋桨AV-5L-24直径3.6米。在机身上有两部油箱：发动机上部440升，驾驶舱前面和座舱下面290升。

伊尔-10机身使用金属覆盖的框架，单发动机，双座单翼。前部机身和座舱为4～8毫米厚的装甲板的外壳，发动机上下均有装甲保护。前风挡玻璃厚度小于64毫米。此外，在飞行员的驾驶室上面及侧窗框、驾驶室后面的乘员座椅之间装有保护装甲。总装甲重量为994千克。

1951年，捷克斯洛伐克阿维亚公司获得了生产伊尔-10的许可证，指定编号为B-33。1951年12月26日开始生产，发动机由苏联制造。1952年起，捷克斯洛伐克开始生产AM-42发动机。除了生产战斗型外，捷克斯洛伐克还生产了教练型，编号为CB-33。

波兰航空博物馆中的阿维亚B-33

阿维亚B-33机翼上有4门20毫米B-20ET航空炮，1门23毫米NS-23RM后座航空炮BU-9M。正常的载弹量为400千克，最大为600千克。可以使用小型的碎片或反坦克炸弹，4枚50～100千克炸弹可挂在内部挂架上，机翼下可挂两个200～250千克炸弹。典型负载为182枚（最大200枚）2千克AO-2.5-2杀伤炸弹，或144枚PTAB-2.5-1.5反坦克HEAT炸弹。除了炸弹，在机翼上有4枚RS-82或RS-132火箭弹。阿维亚B-33S还配备有其他类型的火箭弹。

1951年，通过在朝鲜战争中的使用经验，苏联空军发现螺旋桨攻击机仍然可以起到作用，决定延长伊尔-10的生产，并改进伊尔-10为伊尔-10M，于1951年7月进行了试飞。伊尔-10M的机体比伊尔-10长，具有更宽的翼展和更大的控制面，增加了腹鳍，安装了导航设备，增强了全天候使用的能力。最新开发的4门23毫米NS-23航空炮被安装在机翼内，而有效负载保持不变。

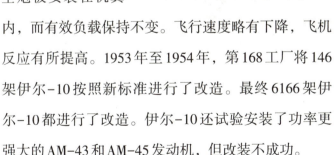

莫斯科中央空军博物馆中的伊尔-10M

飞行速度略有下降，飞机反应有所提高。1953年至1954年，第168工厂将146架伊尔-10按照新标准进行了改造。最终6166架伊尔-10都进行了改造。伊尔-10还试验安装了功率更强大的AM-43和AM-45发动机，但改装不成功。

1945年1月，第1架伊尔-10在第78近卫突击航空团服役，但它因未完成训练而没有进入行动。而其他3个配备伊尔-10的航空团，参加了二战的最后作战行动。它们是第571突击航空团（1945年4月15日）、第108近卫突击航空团（1945年4月16日）和第118近卫突击航空团（1945年5月8日）。有十几架飞机被高射炮击落或因发动机故障损失，但伊尔-10在空战中击落了2架Fw 190战斗机，击伤1架。1945年5月10日，欧洲战争结束了。苏联准备对日作战。1945年8月9日，太平洋海军航空兵第26突击航空团使用伊尔-10，在朝鲜半岛攻击日本舰船和铁路运输。

直到20世纪50年代初，伊尔-10都是苏联主要的对地攻击机。1956年开始退役。与此同时，新的喷气式攻击机（如伊尔-40）被取消了，苏联转向多用途歼击轰炸机。阿维亚B-33成为华约组织成员国的主要对地攻击机。

1949年到1959年，波兰空军使用了120架伊尔-10(含24架伊尔-10U)和281架B-33。波兰对B-33进行了改装，机翼下面可携带400升油箱。

1950年到1960年，捷克斯洛伐克使用了80架伊尔-10和6架伊尔-10U，约600架B-33。

1949年到1956年，匈牙利空军使用了159架伊尔-10和B-33。

1950年到1960年，罗马尼亚空军使用了14架伊尔-10和156架B-33。

20世纪40年代，朝鲜得到93架伊尔-10和伊尔-10U。朝鲜战争中，第57突击航空团在早期使用它们攻击防空能力弱的韩国军队，后来在与美国空军战斗机的作战中损失惨重。

1950年夏天，朝鲜从苏联获得了更多的飞机。朝鲜声称1950年8月22日使用伊尔-10击沉了一艘军舰，但战果未被证实。

1950年，中国空军装备了伊尔-10，空军突击航空兵师装备了两个团的伊尔-10。1955年在解放一江山岛战役中，伊尔-10发挥了重大作用。伊尔-10一直服役到1972年（被强-5替换）。

1957年，也门装备了24架B-33。

伊尔-10数据

基础数据

* 乘员：2人

* 长度：11.06米

* 翼展：11.06米

* 高度：4.18米

* 机翼面积：30米²

* 空重：4680千克

* 最大起飞重量：6535千克

* 燃油容量：747升

* 动力装置：1台米库林AM-42液冷式V12发动机

* 螺旋桨：3叶片的AV-5L-24，直径3.6米

性能

* 最大飞行速度：551千米/时(在2800米高度)，507千米/时(海平面)

* 巡航速度：310千米/时（在500米高度）

* 最大航程：800千米（在500米高度）

* 升限：5500米

* 爬升高度：5分钟3000米

武器

* 2门23毫米VYa-23航空炮和2挺7.62毫米施瓦克机枪（二战期间）或4门23毫米NS-23（二战后）

* 1门20毫米贝雷金B-20后座航空炮或12.7毫米UBT后座机枪

* 火箭：4枚RS-82或RS-132火箭弹

* 炸弹：

6枚50千克炸弹

4枚100千克炸弹

2枚250千克炸弹

2.18 苏霍伊 苏–25 "蛙足"

苏–25的炸弹展示

苏–25 "蛙足"（北约代号 "Frogfoot"）是苏霍伊设计局设计的一种单座、亚声速双发喷气式攻击机，提供近距离空中支援。

1968 年初，苏联服役的战斗轰炸机（苏–7、苏–17、米格–21 和米格–23）不符合近距离空中支援军队的要求，它们缺乏用以保护飞行员和重要设备的装甲防护，飞行速度也过快，不利于在空中发现和识别目标。苏联国防部决定开发一种带装甲防护的喷气式攻击机，用于提供近距离空中支援。

1969 年 3 月，苏联空军宣布设计新的战场近距离支援飞机。竞争的有苏霍伊设计局、雅科夫列夫设计局、伊留申设计局和米高扬设计局。苏霍伊设计局于 1968 年末完成了 T–8 的设计，并开始生产原型机（T–8–1 和 T–8–2）。1972 年 1 月，T–

8-1机身首先进行组装，1974年5月9日完成组装。另一个说法是1974年11月完工，1975年2月22日首飞。

经过一系列的试飞，在苏霍伊和伊留申两个设计局的方案中，国防部公布苏-25超越其主要竞争对手伊尔-102。

还在T-8-1和T-8-2原型机的飞行测试阶段，苏霍伊设计局提出了生产苏-25的计划，建议在格鲁吉亚共和国第比利斯第31工厂开始生产，这个厂当时主要生产米格-21UM"蒙古-B"教练机。

苏联授权苏-25飞机在第比利斯生产，第31工厂从1978年开始生产。20世纪80年代末至90年代初，苏-25出现了各种现代化改进型号，如苏-25UB双座教练机、苏-25BM靶机牵引机和苏-25T专用反坦克型。此外，苏-25KM原型机于2001年试飞，是格鲁吉亚与以色列合作的产物。截至2007年，苏-25和苏-34是为数不多的还在生产的、带有装甲防护的飞机。

在俄罗斯空军中，苏-25的数量最多，最初计划将老式苏-25升级到苏-25SM变种，但因资金短缺而放慢了进度。

作为服役30年以上的攻击机，苏-25参加了许多冲突作战。它积极参与了苏军在阿富汗

苏-25SM

的战争。伊拉克空军在1980年至1988年两伊战争期间使用苏-25攻击伊朗，后来大多数被销毁，有的在1991年海湾战争中叛逃到伊朗。1992年到1993年阿布哈兹战争中，阿布哈兹分离主义分子使用过苏-25。2001年马其顿发生冲突时，马其顿空军使用过苏-25。2008年，格鲁吉亚和俄罗斯冲突时双方都使用过苏-25。非洲国家，包括科特迪瓦、乍得和苏丹，也都在当地的叛乱和内战中使用过苏-25。俄罗斯在干预叙利亚内战的行动中也使用过苏-25。

苏-25飞机座舱焊接了钛合金装甲板，厚度为10～24毫米。驾驶舱舱盖有55毫米厚的防弹玻璃。机头两侧有18毫米装甲，驾驶员背后有6～17毫米钢头枕，发动机和燃料箱有17～18毫米装甲。机尾和发动机外罩都有5毫米装甲。飞行员几乎就是待在钢制装甲里，机身可以防12.7毫米以下口径的枪弹，在最危险的地区则可以防30毫米口径炮弹。

苏-25具有金属悬臂翼，中等宽度，高纵横比，并配备了高升力装置，传统的空气动力学与肩式布局梯形机翼和传统的尾翼与方向舵。机翼由两个悬臂部分组成，这两个悬臂部分附接到中心机体结构上，与机身形成单个单元。减速板安装在每个机翼末端的整流罩上。每个翼具有5个挂载点。每个翼还有前缘缝翼和副翼。金属在结构中的使用比例为60%的铝、19%的钢、13.5%的钛、2%的镁合金和5.5%的其他物质。

襟翼由钢制滑块和滚轮安装，连接到后翼梁上的支架上。梯形副翼靠近翼尖。苏-25的机身具有椭圆形截面，并且是半单壳体的受应力蒙皮结构，布置为纵向承载框架，具有横向框架的承载组件。水平尾翼由两个安装点连接到承重框架上。

苏-25的早期型号配备了2个R95Sh非加力涡轮喷气发动机，安装在后部机身的两侧。发动机、子组件和周围的机身由发动机舱顶部上的冷空气进口提供空气冷却。引流系统在飞行或启动不成功后，可以收集来自发动机的油、液压流体残余物和燃料。发动机控制系统允许每个发动机进行独立操作。最新型号的苏-25T和苏-25TM配备了改进的R-195发动机。

双管30毫米航空炮位于驾驶舱下方的隔室，安装在连接座舱地板和前机身支撑结构的承载梁上。机头配有独特的双管托架和铰链。

苏-25飞机上的
GSH-30-2航空炮

飞行员通过中心杆和左手节流器驾驶飞机。飞行员采用红星K-36弹射座椅（类似于苏-27），使用标准的飞行仪表盘。驾驶舱的后部是一个6毫米厚的钢质头枕，安装在后舱壁上。驾驶舱有一个浴缸状的钛合金装甲外壳，外壳上有渡口，用于弹射座椅的导轨安装。座舱顶盖向右打开，驾驶舱的左后侧有内置的登机梯，飞行员进入飞机后，坐在驾驶舱较低位置，由装甲浴缸保护。作为飞行员的保护措施，驾驶舱设计得很狭窄，并且能见度有限，特别是向后的能见度很差，所以在座舱顶盖上加装了潜望镜，以补偿后视视野。

T-8原型机在竞争中获胜后，1977年苏霍伊设计局在第三架原型机T-8-3上进行了预生产的改进。改进包括：将T-8-1/2下的航空炮鼓舱去除，航空炮收进机身中；发动机短舱进气口加大，以适应新的图斯曼斯基

R-195 发动机；去掉了机翼翼刀，并改用高度较小的翼下挂架；垂尾顶部增加了雷达告警接收天线，水平尾翼由原来的下反角改成上反角；在垂尾根部增加了一个电子设备冷却空气进气口，简化了 T-8 复杂的尾喷管冷却装置；机翼副翼调整片被取消，翼尖短舱后部的减速板由单片式改成复合式，在上下减速板张开时，表面会展开另一片小板，增加了效率，翼尖短舱着陆灯内侧安装了一块防眩板，防止着陆灯灯光射向座舱。

格鲁吉亚共和国第比利斯第 31 工厂生产的是基本型的苏-25。1978 年至 1989 年间，生产了 582 架单座苏-25 型飞机（不包括苏-25K 出口型）。苏-25 在飞行中发生过许多事故，主要是发射 S-24 火箭弹齐射时会造成系统故障。随后，S-24 火箭弹齐射被禁止使用，FAB-500 通用型炸弹成为主要武器。

苏-25 在库宾卡空军基地

基本型号苏-25 采用了一些简单的航电系统。它没有电视制导系统，但机头安装一个独特的激光测距仪和 DISS-7 多普勒导航雷达。

苏-25 可以在夜间靠视觉和仪表飞行。苏-25 装有空对地和空对空通信电台，包括 SO-69 敌我识别天线(IFF)。为了提高自卫能力，苏-25采用了各种措施，如红外和箔条诱饵弹、SPO-15雷达告警接收机等。

苏-25K

苏-25K是1984年至1989年苏-25的商业出口型。第比利斯第31工厂共生产了180架苏-25K。这批飞机同苏联空军自己使用的版本相比，设备内部的某些细节不同：安装较老式的IFF天线，不能发射空地导弹，对地攻击以火箭弹和炸弹为主。

捷克空军的苏-25K正在进行飞行表演

苏-25UB

苏-25UB教练机于1985年8月12日在乌兰乌德工厂的机场进行了首次飞行。到1986年底，在乌兰乌德生产了25架苏-25UB，为苏联空军飞行学校提供现役飞行员的训练和评估飞行。性能并没有显著不同，新型的敌我识别器和武器部分保持不变；增加了一个座舱，在一些细节处做了修改，去掉了后视镜，在后座舱

俄罗斯空军的苏-25UB

舱盖上增加了一个向前看的反射镜；增大了前风挡面积；去掉了机身左侧的折叠登机梯；为了保持稳定性，增大了垂尾。

苏-25UBK

保加利亚的苏-25UBK正在起飞

1986 年到 1989 年，乌兰乌德工厂生产了所谓商业型号的苏-25UBK教练型，打算出口到买苏-25K的国家。

苏-25T

20 世纪 80 年代，在苏-25攻击机开始批量生产之后，苏联军方强烈地意识到，一种仅能在白天进行近距空中支援任务，使用有限的空地导弹能力的空中支援飞机，很难满足未来现代化战场的需求。军方需要一种能够在战区前沿450千米以远区域30~4500米高度上昼夜执行任务的空中支援飞机。它们能攻击敌人的机动和固定目标——建筑物、防空系统、炮兵阵地、集结地域、直升机、运输

俄罗斯利佩茨克空军基地的苏-25T

机和水面的小型舰艇。

苏-25T在车臣进行过战斗测试。飞机的设计类似于苏-25UB，但后驾驶舱下部空间内安装了一个油箱，上部加装了一个电子设备舱。它具有全天候和夜间攻击能力。机头鼻锥加长加宽，里面装有光学瞄准系统、激光测距仪和制导系统。苏-25T可挂载多种弹药，可以挂载电视制导炸弹和半主动激光制导的Kh-25ML。用于夜间飞行的微光电视导航吊舱系统可以挂在机身下部。机头的双管30毫米炮也被移到机身右面下侧。为了不干扰双管航空炮，飞机的前起落架略向左移。原先设有发动机进气道的中机身段基本没有改动。苏-25T的原型于1983年到1986年生产了8架，原本打算作为俄空军苏-25的升级，但最终于2000年被正式取消。

苏-25TM

苏-25TM（苏-39）是苏-25T的改进型，改进了导航和攻击系统，保留了苏-25T的电子系统。它可以携带RUS"长矛"雷达吊舱，用于制导空空导弹（RVV-AE/R-77飞弹）攻击空中目标，制导空舰导弹（含Kh-31和SS-N-25反舰导弹）攻击水面或地面目标。

每侧翼下各带有代号为"旋风"的9M120型（AT-9）管发射式超声速激光制导反坦克导弹，每组有8枚，最大射程为10千米，可击穿1000毫米厚的装甲，这是一种可对付空中和地面目标的多用途导弹，除了用来反坦克外，还可以用来打击时速低于800千米的空中目标。其他武器包括激光制导的AS-10、AS-14、AS-17、反辐射型AS-11等空地导弹，以及KAB-500激光制导炸弹和AA-8空空导弹。

此外，该机翼尖还有电子对抗设备吊舱。苏-25TM在设计中吸取了阿富汗战争中的经验教训，其导航/攻击系统基本具备自主进入及脱离战区的能力，目标跟踪、武器的选择及发射的自动化能力也得到增强。在1991年迪拜国际航空航天展览会上的出口编号为苏-25TK。同年生产的首批10架用于部队的验收试飞。苏–25TM还可以兼容苏–25T所携带的所有类型的导弹及炸弹。双管30毫米炮也被移到机身右面下侧，后机身段增加了一个副油箱和新的设备，在垂直安定面根部加装了一个红外干扰装置和一个反探测用的箔条投放装置。同时，苏–25TM还能装载各种形状的新型天线。苏–25TM飞行控制系统的一个重要的改进是采用了一个与机载的武器投放系统和导航系统一体化的SAU–8型自动飞行控制系统。此外，苏–25TM和其他后期型的苏–25一样，除了采用液压做功的副翼系统外，还将升降舵系统也改为液压做功式。

苏–25TM采用两台R–195型发动机，主要的改进是增加了推力，通过改进发动机热排气和发动机舱冷却系统，减少了它的红外特征值。该机内部燃油容量增至4900升。

苏–25TM驾驶舱采用了座舱增压系统，从而使该机的飞行高度从苏–25型的7000米提高到10 000米，并增加了该机的转场航程。

苏–25TM主要的改进在于新型的火控系统和导航系统、平显及下视阴极射线管、雷达告警系统等，可带微光电视导航/攻击系统吊舱（即将被前视红外吊舱替代），可在夜间识别3千米外的主战坦克。该机新增的自动操作系统能够让飞行员预先把攻击程序输入电脑，攻击时飞行员可以按照程序预先设计的航线进入目标区进行攻击，大大减轻了飞行员在攻击时的工作量。

此外，还加装了新型多普勒测速仪、A–723型远程无线电导航系统（该系统能接收全球导航站的信号）和A–312型自动着陆系统。在目标搜索/跟踪方面，它在机头安装了I–251型光学电子瞄准系统。这套系统由3个不同的系统组成，分别是光学搜索/跟踪电视、激光测距仪和用于引导激光反坦克导弹的脉冲激光产生器。自动搜索/跟踪电视可以在昼夜自动搜索目标，在搜索目标时，光学电视的角度为27°～36°，追踪目标时为

10°，放大倍率 23 倍，能发现 15 千米外的建筑物、20 千米外的坦克。I–251 型光学电子瞄准系统的视角

俄罗斯的苏–25TM 从翼尖到机身分别挂载的是 R–73、R–77、8 枚 9M120、1 枚 Kh–29T 和 1 枚 Kh–58。机身下面是"长矛"雷达，飞机旁边是 ECM 吊舱

可以调整，高低方向为正 15°～80°，水平角则为左右各 35°，以便于搜索目标。苏–25TM 装有一套电子对抗系统和光学干扰器。电子对抗系统不但能测出敌方雷达的位置，还能干扰敌方的无线电电子操纵系统。光学干扰器由 2 个 6 千瓦的铯灯组成，能干扰红外导引导弹的导引头，把红外导弹引开。

苏–25UTG

苏–25UTG 是训练陆上模拟航母甲板上起降的教练机，由苏–25UT 舰载型在机身下加装一个拦阻钩改进而来，用于着舰训练，大约生产了 10 架。它们是俄罗斯目前唯一一条航母——"库兹涅佐夫海军上将"号

苏–25UTG 在进行训练

上的教练机。由于数量不足，一些苏25UB被转换成苏25UTG，这些飞机的名字被称为苏-25UBP，属于俄罗斯海军第279航空团。

苏-25BM

苏-25BM是一个靶机牵引机。苏-25BM在空中或海面上空拖标靶，为地面部队和海军人员提供对空训练，可携带用于战斗机飞行员空空导弹训练用的火箭推进的无人靶机。为了减轻重量，去除了航空炮，但机翼下的挂架没有取消。它由2台R-195发动机提供动力，并配备了RSDN-10远程导航系统和模拟西方的罗兰导航系统。

苏-25SM

俄罗斯空军在2000年对苏-25T和苏-25TM的升级进行评价，发现改装过于复杂和昂贵。苏-25SM升级融合了新航空电子设备，改进和翻新的机身可以延长飞机多达500个飞行小时或5年的使用寿命。

苏-25SM的全新PRnK-25SM"酒吧"导航/攻击组件围绕BTsVM-90数字计算机系统建成，原本计划为苏-25TM升级程序，使新的套件提供导航和攻击精度是苏-25原型的3倍以上，并可以使用卫星导航修正。

苏-25SM添加了新的KA1-1-01平视显示系统、ASP-17BTs-8光电瞄准系统。其他系统在升级过程中加入的组件包括：一个多功能显示器（MFD），RSBN-85短程助航设备，ARK-35-1自动定向仪（ADF），A-737-01 GPS/GLONASS接收器，卡拉特-B-25飞行数据记录器（FDR），金雕-1视频记录系统（VRS），银行家-2 UHF/VHF通信电台，SO-96应答器和L150"粉彩"雷达告警接收机（RWR）。R95Sh发动机已经重新检修和安装了新的过滤系统，该系统的目的是减少当航空炮和火箭弹齐射时发动机引入过多粉末和气体而导致的停机。

苏-25SM的改进增加了自动化和自检能力系统。整机重量节省了大约300千克。

苏-25SM机翼下挂架也进行了更新。新的武器系统已经扩展了R-73空空导弹（没有头盔瞄准具，只有传统的纵向导引头模式）和S-13T火箭（携带5管B-13吊舱）。火箭战斗部可以更换成爆炸破片或穿甲战斗部。此外，还可以携带Kh-25ML和Kh-29等大型武器，改进的武器制导系统可以执行复杂条件下的导弹发射，可以同时命中两个不同的目标，或连续发射两枚导弹命中同一目标。GSH-30-2型30毫米航空炮（250发备弹）有三个新的射击模式：750发/分、375发/分和188发/分。

最终的采购计划预计包括100套到130套，涵盖了俄空军60%到70%的单座型苏-25，可以保证改进之后的苏-25SM即使在21世纪初也不会被淘汰。2012年2月12日，空军发言人表示，

2011年莫斯科国际航空航天展上的苏-25SM

俄罗斯将继续进行苏-25改装到苏-25SM的计划，该计划可以有效提高飞机的生存能力和战斗力。

俄空军目前有超过30架苏-25SM在服役，并计划到2020年将80架苏-25实行现代化改装，升级到苏-25SM标准。2013年3月，超过60架苏-25已经进行了升级。2013年2月，10架新型的苏-25SM被交付

给空军南方基地。

苏–25UBM

苏–25UBM 是苏–25SM 的双座战斗教练机型，可以用来进行飞行训练或执行作战任务，并且可用于侦察、目标指示、机载武器远程控制和引导等任务。2008年12月6日试飞，2010年12月进入俄罗斯空军服役。使用和苏–25SM同样的系统。新飞机的作战能力是苏–25UB的两倍，可以挂载苏–25SM的所有武器系统。

苏–25 从 1975 年开始服役，直到现在仍在使用，参加的战争包括：安哥拉内战（1975—2002 年），阿富汗战争（1979—1989年），两伊战争（1980—1988 年），海湾战争

俄罗斯库宾卡空军基地的苏–25UBM

（1991年），塔吉克斯坦内战（1992—1997年），阿布哈兹战争（1992—1993年），卡拉巴赫战争（1991—1994年），第一次车臣战争（1994—1996年），刚果战争（1997—2002年），埃塞俄比亚-厄立特里亚战争（1998—2000年），第二次车臣战争（1999—2000年），马其顿的冲突（2001年），达尔富尔冲突（2003年），法国科特迪瓦冲突（2004年），南奥塞梯的武装冲突（2008年），顿巴斯战争（2014年），伊拉克北部

的武装冲突（2014年），俄罗斯在叙利亚的军事行动（2015年）。

苏-25/苏-25K后期生产型数据

基础数据

* 乘员：1人

* 长度：15.53米

* 翼展：14.36米

* 高度：4.80米

* 机翼面积：33.7米^2

* 空重：9800千克

* 最大起飞重量：19 300千克

* 动力装置：2台联盟/加夫里洛夫R-195涡轮喷气发动机，每台推力4500千克

性能

* 最大飞行速度：975千米/时（海平面）

* 航程：1000千米（中高空）

* 攻击范围：750千米（海平面，挂载4400千克武器和两个副油箱）

* 升限：7000米（无挂载）；5000米（最大载弹量）

* 爬升率：58米/秒

武器

* 航空炮：1门GSH-30-2 30毫米航空炮

* 外挂点：11个，载弹量为4000千克

* 火箭：UV-32-57（57毫米）或B8M1（80毫米）火箭吊舱，S-12（122毫米）、S-24（240毫米）或S-25（330毫米）火箭弹

* 导弹：

发动机舱上面的条状物是干扰弹发射器

Kh-23（AS-7）、Kh-28（AS-9）、Kh-25L（AS-10）、Kh-58（AS-11）空地导弹

Kh-29（AS-14），Kh-31（AS-17）空舰导弹

R-73（AA-11）、K-13（AA-2）或R-60（AA-8）空空导弹

* 炸弹：FAB-250、FAB-500、KAB-500激光制导炸弹

* 吊舱：GS-23炮或GS-30航空炮吊舱

2.19 伊留申 伊尔-102

伊尔-102是伊留申设计局设计的一种喷气动力的地面攻击验证机。伊尔-102与苏-25竞争苏联空军攻击机的采购，最后失败，未投产，只有少数开发原型建造。它是伊留申设计局最后设计的攻击机，之后，伊留申设计局全力投入到运输机和民航客机的设计中去。

谢尔盖·伊留申在1950年开始设计研究新型的喷气式攻击机和活塞式飞机。截至1951年年底，伊留申设计局准备了两个双座装甲飞机技术方案，其中一架装米库林AM-5轴流式涡喷发动机，额定最大功率不开加力时为2150千克，开加力时为2700千克。

1952 年 1 月，伊留申将设计上交，很快被接受，只是针对喷气机的设计并不要求制造原型机。1953 年，双座喷气式攻击机伊尔-40 试飞。伊尔-40 装有 4 门 23 毫米航空炮，其中 1 门 23 毫米航空炮安装在尾部遥控炮塔里，载弹量可以达到 1400 千克，可携带炸弹、火箭或副油箱。项目最终没有被批准实施。

伊尔-40P 的第二架原型机

1967 年，苏联空军制定了新的喷气式对地攻击机计划。苏霍伊设计了一个全新的单座飞机——苏-25。伊留申提出伊尔-40 变形机，命名伊尔-42。不同于苏霍伊的是，这是一种带有尾部炮塔的双座飞机。虽然苏联空军拒绝了该设计，但伊留申决定继续发展下去，更名为伊尔-102。

伊尔-102 的尾部炮塔配有 GSh-23L 双联航空炮

1982 年 9 月 25 日，伊尔-102 原型机首飞，并进行了 250 次试飞。1984 年，因发动机到使用寿命而停飞。

伊尔-102 是下单翼布局，发动机短舱与苏-25 一样设在机身两侧，发动

机采用克里莫夫的RD-33涡轮风扇发动机，设置于机身后方。伊尔-102
有后座炮手，炮手可以遥控尾部双管23毫米航空炮，提供尾部的防御。
机鼻下倾角很大，前座舱的向下视界很好。飞行员负责飞行和识别、攻击
地面目标，而后炮手只负责操作尾炮进行防御。

从本质上讲，伊尔-102只是伊尔-10的现代喷气版，这种双座的布局
在现代攻击机中很难找到。

伊尔-102在尺寸上比苏-25大，在最大起飞重量/载弹量上都要优于
苏-25，装甲防护也更好；速度也比苏-25慢，更有利于观察和识别地面
目标。为了方便对地攻击，连机腹的30毫米航空炮都可以向下偏转射击
地面目标。前方机头视野良好，可以观察更大范围，但是机头过于狭小。
前起落架位置靠前。机头不适合加装光学观瞄系统或其他电子设备。采用
下单翼有利于加强防护，还可以保护飞行员、尾炮手及发动机，便于装甲
防护安排，也便于飞机起降操作，飞机迫降时也利于控制。机翼内侧的内
置挂架虽然可以减少空气阻力，但容量有限。加上武器制导吊舱后，虽然
可以挂载各种制导炸弹或导弹，但外翼的挂架无法挂载大型弹药，只能挂
在机身挂架上。

在试飞中，苏-25表现出来的任务弹性，是伊尔-102无法比拟的。

1992年莫斯科航空展上的伊尔-102

伊尔-102数据

基础数据

* 乘员：2人

* 长度：17.5米

* 翼展：16.9米

* 高度：5.08米

* 翼面积：63.5米^2

* 空重：13 000千克

* 最大起飞重量：22 000千克

* 动力装置：2台克里莫夫RD-33涡扇发动机，每台推力5200千克

性能

* 最大飞行速度：950千米/时

* 作战半径：400～500千米

* 航程：3000千米

* 翼载荷：283千克/米^2

* 推力/重量：0.58

武器

* 航空炮：

   1门双管30毫米航空炮9A-4071K，可垂直向下转动

   1门23毫米航空炮，安装在尾部炮塔

* 悬挂点数：16个（包括6个机翼内置挂架）

* 载弹量：7200千克

* 导弹：

   P-60M、R-73空空导弹

Kh-23（AS-7）、Kh-28（AS-9）、Kh-25L（AS-10）、Kh-58（AS-11）、Kh-29（AS-14）空地导弹

*炸弹：各种口径航空炸弹

*火箭：UV-32-57(57毫米)或B8M1(80毫米)火箭吊舱，S-12 （122毫米）、S-24（240毫米）或S-25 （330毫米）火箭弹

*火炮吊舱：UAC-23-250、SPPU-1-23航空炮吊舱

2.20 费尔雷"剑鱼"

费尔雷"剑鱼"（Fairey Swordfish）是费尔雷航空有限公司在20世纪30年代初设计的双翼鱼雷轰炸机。除了在英国皇家空军和皇家海军作为舰载机服役外，还在加拿大皇家空军和荷兰皇家海军服役。它最初主要作为舰队攻击机使用。改进后，主要用于反潜和飞行训练。二战爆发时，"剑鱼"就被认为已经过时了，老式的双翼结构和敞开的座舱，让它看上去和一战时的飞机没有太大的差别。作为一种1935年正式完成的

"剑鱼"在进行飞行训练

舰载攻击机，它比两年后日本海军采用的97式舰载攻击机要整整落后了一个时代。

尽管"剑鱼"有些老旧，但整个二战期间它都在一线服役，并取得了一些引人注目的战果，其中包括：攻击驻扎在奥伦的法国海军舰队，在塔兰托战役中对意大利海军基地的破坏和协同击沉了"俾斯麦"号战列舰。到战争结束时，"剑鱼"比任何其他盟军飞机击沉的吨位都要高。

1933年，费尔雷为海军开发设计了一个三人座飞机，可以发展成空中侦察和鱼雷轰炸机型。设计中采用金属双翼结构加布制蒙皮，474千瓦的布里斯托尔"飞马"IIM型发动机作为其动力。因该机为三座鱼雷攻击/观察/侦察机，故取三个词的首字母而被称为TSR-I型。

1933年3月21日，原型TSR-I由费尔雷试飞员克里斯·斯坦尼兰（Chris Staniland）进行了试飞。试飞的同时飞机也不断改进，如更换为阿姆斯特朗·西德利生产的星型发动机，随后再次改装为"飞马"发动机，用来探索飞行包线和飞机的飞行特性。在

知识卡

费尔雷航空有限公司

费尔雷航空有限公司（The Fairey Aviation Company Limited）是一家英国飞机制造公司，由查尔斯·理查德·费尔雷（Charles Richard Fairey）和比利时工程师欧内斯特·奥斯卡（Ernest Oscar）于1915年创建。它为英国生产过"剑鱼"、"萤火虫"和"塘鹅"等飞机，在二战后兼营工程机械和造船。公司的飞机制造工厂于1960年被英国韦斯特兰飞机公司收购。

1941年10月，英国皇家海军战舰"玛丽亚"号正在放飞"剑鱼"

1933年9月11日的试飞中，原型机坠毁，但飞行员得以幸存。

1934年4月17日，原型TSR-II由斯坦尼兰试飞。与TSR-I相比，TSR-II配备了功率更大的"飞马"发动机，机身后部加有附加托架来抵消旋转，上翼稍微后掠并增加了长度，按空气动力学设计，调整了飞机的后部机身。1934年11月10日，在飞行测试阶段，TSR-II被转移到费尔雷的工厂，用双水上浮筒代替原来的机轮，进行了改装之后的水面试飞。

1936年初，费尔雷工厂已收到制造68架"剑鱼"的生产合同。第一架生产型于1936年年初完成，并于1936年7月开始服役。

到1940年年初，二战激战正酣，战时的需求是排在第一位的，"剑鱼"像其他许多战时飞机一样，开始利用影子工厂分散生产，以尽量减少德国空军轰炸所造成的损失。从1943年起，"剑鱼"II和"剑鱼"III开始取代"剑鱼"I。

"剑鱼"II进行了ASV MKII雷达的改装，后来还采用了更强大的"飞马"30发动机。"剑鱼"III则在两部起

1941年5月24日，"剑鱼"停在皇家海军的"胜利"号航母后甲板上。第二天，9架"剑鱼"攻击了"俾斯麦"号

落架中间改装了ASV的MK XI雷达，但改装后没有携带鱼雷的能力。

"剑鱼"是一种中等大小的双翼鱼雷轰炸机和侦察机。"剑鱼"采用覆盖织物的金属机身。它为节省空间而采用折叠翼，这在航空母舰上是非常有用的。

双翼飞机的飞行速度低，需要较长的飞行时间，这对攻击防空火力和防守严密的目标增加了难度。"剑鱼"的主要武器是空投鱼雷，"剑鱼"在1500米高度飞行，然后俯冲到5.5米高度投放鱼雷。早期的MK XII鱼雷在74千米/时的航速下，射程为1372米，在50千米/时的航速下，射程为3200米。另外，"剑鱼"还需要270米的稳定飞行以进行鱼雷投放深度和投放速度的预设。所以，理想的投放距离是距离目标914米。

"剑鱼"还能够作为俯冲轰炸机。在1939年，"剑鱼"舰载机在"光荣"号航母上进行了一系列俯冲轰炸试验，炸弹分别在60°、67°和70°俯冲角度下投掷。在静止目标测试中，从400米高度上进行70°的俯冲，投弹误差为45米。在机动目标测试中，从550米高度上进行60°的俯冲，投弹误差为40米。

更现代化的鱼雷攻击机出现后，"剑鱼"很快被改装成反潜机，挂载深水炸弹或8枚RP-3火箭弹，可以从较小的护航航空母舰甲板上起飞。从商船改装的航空母舰起飞时，需配备火箭助推起飞装置。它有较低的失速速度和坚固的机体设计，使它在大西洋中部沿岸地区的恶劣天气中也可以执行飞行任务。事实上，它的起飞和着陆速度非常低，不像大多数舰载机，也不要求航母必须顶风航行起降飞机。当然，顶风起飞是飞机在航母上正确的起飞方式。

1940年4月11日，根据情报，几架"剑鱼"从"愤怒"号航空母舰上起飞，对特隆赫姆的德国鱼雷艇进行攻击。但没有发现目标，在特隆赫姆只遇到了两条德国驱逐舰，随后"剑鱼"发动了攻击。这是"剑鱼"第一

英国皇家空军第119中队的"剑鱼"

次用鱼雷攻击目标。

1940年4月13日，一架"剑鱼"从"厌战"号战列舰上弹射起飞，在空中通过无线电为"厌战"号校正炮弹落点。在这次纳尔维克的第二次战斗中，共有9条德国驱逐舰被击沉或凿沉，其中一艘是被从"厌战"号上起飞的"剑鱼"用炸弹击中的。德国潜艇U-64被"剑鱼"发现后，"剑鱼"进行了俯冲轰炸，炸弹直接命中并击沉潜艇。这是第一次取得反潜战果。

"剑鱼"不断攻击敌方在纳尔维克附近的目标。两周时间内"剑鱼"不断从航母上起飞，轰炸船舶和设施用地。在此期间，反潜巡逻和空中侦察也在进行，复杂的地形和恶劣的天气条件给"剑鱼"带来了严酷的挑战。对于许多"剑鱼"飞行员来说，挪威战役中的飞行任务是他们的第一次作战任务，经常涉及一些创举，如在航空母舰甲板上进行夜间着陆。

1940年5月，德军闪击法国、荷兰和比利时等低地国家，战术思维陈旧的英法陆军在新锐的德军面前节节败退，英军不得不动用手头可调动的一切力量来挽救这场毁灭性的灾难。4个"剑鱼"攻击机中队划归海岸防卫司令部指挥，执行他们几乎所有力所能及的任务：在港口外布雷，对德国海军舰艇和地面目标实施攻击，担任舰炮落点校正机及侦察机。当墨索里尼于6月参与到这场趁火打劫的行动中时，驻扎在法国南部的"剑鱼"攻击机中队参与了对意大利地面目标的轰炸行动。一部分"剑鱼"攻击机在法国沦陷前飞往马耳他，并随后以此为基地攻击轴心国对北非的运输线。

1940年7月法国投降时，英国军方迅速对法军尚未被德军控制的军力采取行动，保证这些武器装备不被德国人利用。从"皇家方舟"号航母起飞的"剑鱼"攻击机群袭击了位于阿尔及利亚奥伦港的法国舰队，12架"剑鱼"攻击机攻击了法国"敦刻尔克"号战列舰，将之击成重伤。这一结果使举棋不定的法国海军迅速倒向德国。

1940年11月11日，"光辉"号航母和其护航舰队抵达预定攻击位置，对意大利海军的主力舰队所在地意大利南部塔兰托进行袭击。第一波攻击由12架"剑鱼"组成：其中6架各携带1枚鱼雷，4架携带炸弹，2架携带炸弹和照明弹。第二波的9架"剑鱼"中有5架各携带1枚鱼雷，2架挂载炸弹，另2架挂载照明弹和炸弹。空袭之后，意大利的3艘战列舰遭到重创，2艘巡洋舰、2艘驱逐舰和其他船只受损或沉没。英国人只损失了2架"剑鱼"。

1941年5月3日，"俾斯麦"号被侦察到正通过格陵兰岛和冰岛之间的海峡向西行驶，英国皇家海军舰队迅速动员起来实施拦截。5月24日，来自"胜利"号航母上的9架"剑鱼"在深夜攻击了"俾斯麦"号，效果轻微。5月26日，"皇家方舟"号上的"剑鱼"紧急出动，并在随后的攻击中两次命中"俾斯麦"号，一发并未造成损害，但另一发击中了其轮舵装置舱，卡住了转向舵，使"俾斯麦"号开始在海上打转。5月27日，英国"乔治五世国王"号和"罗德尼"号战列舰在巡洋舰的支持下攻击"俾斯麦"号，最后"俾斯麦"号在被炮火、鱼雷命中和故意凿沉等综合因素下沉没了。

1942年2月，"剑鱼"的缺点被放大。"剑鱼"在执行拦截德国"沙恩霍斯特"号和"格奈森瑙"号战列舰的任务时，从船尾进入到攻击线路。德国人的Bf 109战斗机很快赶到，掩护德国战列舰，所有的"剑鱼"都被击落。

根据"剑鱼"在这次事件中的表现，"剑鱼"进行了改装：从鱼雷轰炸机改成反潜机；加装了深水炸弹和火箭弹。"剑鱼"很快又被证明是一个有能力的潜艇杀手。

1944年8月18日，最后一架"剑鱼"III交付。"剑鱼"共生产了2391架，其中，费尔雷生产了692架，布莱克本生产了1699架。"剑鱼"生产最多的型号是Mk II，共生产了1080架。

画有D日识别条纹的"剑鱼"，翼下挂有火箭弹

"剑鱼"数据

基础数据

* 乘员：3人

* 长度：10.87米

* 翼展：13.87米

* 高度：3.76米

* 机翼面积：56.4米²

* 空重：1900千克

* 最大起飞重量：3450千克

* 动力装置：1台布里斯托尔"飞马"IIIM.3星型发动机（功率515千瓦）

性能

* 最大飞行速度：230千米/时（在1524米高度，携带鱼雷）

* 航程：840千米（正常燃料，携带鱼雷）

* 飞行时间：5.5小时

* 飞行升限：5030米

* 爬升率：4.42米/秒（海平面），3.5米/秒（1524米高度）

武器

* 枪：

    1挺7.7毫米维克斯机枪，在机身右面

    1挺7.7毫米刘易斯或维克斯K型后座机枪

* 火箭：8枚27千克RP-3火箭弹（MkII）

* 炸弹：机身和机翼挂架一共可携带700千克炸弹

* 鱼雷：1枚760千克鱼雷

2.21 霍克"台风"

霍克"台风"（Hawker Typhoon）是英国的单座战斗轰炸机，由霍克飞机公司生产。设计目的是中高空拦截战斗机，以替代霍克"飓风"战斗机。在设计中遇到了一些问题，一直没有满足设计要求。

"台风"最初被设计安装12挺7.7毫米勃朗宁机枪和最新的1491千瓦的发动机。1941年9月开始装备部队，但是飞机的事故损失居高不下，主要问题是高速俯冲时水平尾翼无法拉平。1941年，当德国空军开始装备福克-沃尔夫的Fw 190时，"台风"是英国皇家空军唯一能在低空战斗中占

1943年4月，一架"台风"Mk IB

优势的飞机。因此，它成为低空战斗机。

1942年，"台风"出现了各种改进型，如夜间战斗机和远程战斗机。"台风"从1942年底开始装备炸弹，1943年开始装备火箭弹。有了这些武器，再加上4门20毫米希斯潘诺航空炮，"台风"成为二战期间出色的对地攻击机。

1942年11月7日，英国飞行员罗兰·博蒙特（Roland Beamont）驾驶"台风"首次夜间袭击法国德占区的地面目标。在此之后，英国皇家空军发现笨重的"台风"在爬升率和高空最大速度方面性能一般，而执行地面攻击和战场遮断任务时低空平飞速度快，而且可以携带大量的武器，因而"台风"执行地面攻击任务越来越多。执行地面攻击任务时，"台风"可挂载2枚226千克或2枚455千克炸弹，还可以挂载8枚27千克RP-3火箭弹。火箭弹可以轻易穿透德军坦克的顶装甲，所以"台风"适合对德军装甲目标进行攻

1944年6月，"台风"Mk I在安装RP-3火箭弹

击。诺曼底登陆时共有26个"台风"中队参加战斗，在战斗中发挥了重要作用。

"台风"的发动机采用双速增压器。卡姆和他的设计团队设计的原型机配备的武器是10挺7.7毫米勃朗宁机枪，每挺备弹500发。后来换成4门20毫米希斯潘诺航空炮。

"台风"的基本设计是，从发动机支架到驾驶舱后部的机身，由螺栓和焊接的钢管支撑，上面覆盖铝制蒙皮，同时机身后部使用铆接，采用半硬壳式结构。前机身和座舱蒙皮可拆卸，以便于维修和保养发动机及液压、电气设备。

"台风"的机翼长12.67米，机翼面积29.6米²。它的设计采用倒海鸥翼，机翼拥有巨大的结构强度，而且提供了足够的空间，可以安装油箱和其他装备，同时让该机成为一个稳定的射击平台。机翼的设计方案类似"飓风"的机翼设计。测试表明，"台风"的爬升率和性能令人失望。当"台风"在超过805千米/时的速度俯冲时，阻力上升会引起机翼的振动和变形。这些问题导致卡姆开始设计"台风"II，它使用的机翼薄了很多。

第一架"台风"样机于1940年2月24日试飞。1940年5月15日，飞机生产部部长下令将资源集中在5种主要机型（"喷火"、"飓风"、"惠特利"、"惠灵顿"和"布伦海姆"）的生产上。"台风"的发展变得缓慢，生产计划被推迟。

1941年，英国皇家空军拥有大量的"喷火"战斗机中队。"喷火"战斗机在和福克-沃尔夫Fw 190的空战中损失惨重，"台风"被用来补充"喷火"战斗机。1941年底，英国皇家空军第56和第609中队装备了"台风"。用"台风"在中高空对抗Fw 190这个决定被证明是灾难性的，英国皇家空军开始考虑停止生产"台风"。

1942年底至1943年初，"台风"中队部署在英格兰南部和东南部沿海

不明身份的"台风"。罕见的战时彩色照片清楚地显示了"台风"的迷彩颜色，机翼下面涂有黑白识别条纹

机场，并且，还有两个"喷火"战斗机中队。"台风"中队至少保持一队飞机在南海岸站巡逻，另一队则保持在机场待命。"台风"在152.4米或更低高度上巡逻，以便发现和拦截来袭的敌方战斗轰炸机。"台风"证明了自己适合低空作战，"台风"击落过梅塞施米特Me-210和福克-沃尔夫Fw 190。"台风"的轮廓从某些角度看有些类似Fw 190，这导致盟军防空部队和其他战斗机中队经常把它当成Fw 190误伤了。之后，"台风"涂装了全白色的机头，后来又在机翼下面画了盟军D日黑白条纹。

1943年，英国皇家空军需要一种对地攻击机。"台风"比纯战斗机更适合这个角色，强大的发动机允许飞机携带2个455千克的炸弹。

1943年9月，"台风"在机翼下加装了RP-3火箭弹。1943年10月，英国皇家空军第181中队第一个使用了火箭弹来攻击地面目标。火箭弹的弹道极不稳定，需要花相当长的时间去瞄准，还要计算弹道下降的问题，即使这样，"台风"的火力还是相当强大的。1943年底，装备"台风"的中队在欧洲上空执行了多次对地攻击任务。从理论上讲，火箭导轨和炸弹架是可以互换的，但实际情况是，为了简化供应，一些"台风"中队只用火箭弹执行任务，而其他中队用炸弹执行任务（这也让个别单位更精细地磨炼自己的技能和使用自己的武器）。

1944年6月，诺曼底登陆开始了，"台风"证明了自己是英国皇家空军最有效的战术攻击机，在D日前后直接支持盟军地面部队的作战，攻击西北欧的运输线和纵深的目标。地面部队配有皇家空军无线电操作员，"台风"中队和地面部队保持紧密联系，地面部队使用迫击炮或火炮发射烟幕弹来标记攻击目标，直到目标被摧毁。

对于德国人的一些重型坦克，火箭需要打中发动机舱或者炮塔顶部才能摧毁坦克。诺曼底战役之后，摧毁坦克的分析报告表明，空中发射火箭弹的"命中率"只有4%。在古德伍德，"台风"的飞行员宣称222辆坦克被火箭弹摧毁。

在7月10日莫尔坦法莱斯包围战支援美国第30步兵师的任务中，"台风"在当天下午飞行了294架次，发射了2088枚火箭弹，投掷了73吨炸弹。8月7日，德国人开始反击，反击被盟军的地面部队和第9航空队击退。在战斗中，空军飞行员声称摧毁了252辆坦克。但实际上只有177辆德军

1943年年末，英国皇家空军第483飞行中队的霍克"台风"Mk IB，机翼有黑白识别条纹

　第2章 沙场点兵——型号介绍

坦克和突击炮参加了战斗，也只损失了46辆，其中9辆被证实是"台风"摧毁的，占总数的近五分之一。在作战中，德国人没有得到空中支援。"台风"的轮番攻击让德国人军心涣散，遗弃了许多只有表面损坏的坦克和车辆。20毫米希斯潘诺航空炮摧毁了大量德军的轻型装甲车辆及载有燃料和弹药的后勤保障车辆。"台风"负责攻击德国人的地面目标，而美国第9航空队则负责和德国人争夺制空权。

"台风"进行攻击的另一种形式是利用情报轰炸德军指挥部。最有效的一次是在1944年10月24日，"台风"袭击了多德雷赫特的一座建筑物，而德国第15军的高级成员正在这座建筑物内开会，轰炸导致36人死亡，其中包括17名参谋人员。德国第15军在之后相当长的一段时间里都受到影响。

"台风"共生产了3317架。1945年10月，"台风"从一线部队中退役。许多战时的"台风"单位要么被解散，要么被重新编号。

"台风" Mk IB 数据

基础数据

* 乘员：1人

* 长度：9.73米

* 翼展：12.67米

* 高度：4.66米

* 机翼面积：29.6米^2

* 空重：4010千克

* 装载重量：5170千克

* 最大起飞重量：6010千克

* 动力装置：1台纳皮尔"军刀"IIA、IIB或IIC液冷H-24活塞式发动

机（功率1626、1640或1685千瓦）

* 螺旋桨：德·哈维兰或罗托尔螺旋桨，3叶片或4叶片

性能

* 最大飞行速度：663千米/时（在5485米高度，"军刀"IIB，4叶片螺旋桨）

* 失速速度：142千米/时

* 航程：822千米

* 升限：10 729米

* 爬升率：13.59米/秒

* 翼载荷：174.8千克/米^2

* 功率/质量：0.33千瓦/千克

武器

* 航空炮：4门20毫米希斯潘诺Mk II型火炮

* 火箭：8枚27千克RP-3火箭弹

* 炸弹：2枚226千克或2枚455千克炸弹

2.22 布里斯托尔156"英俊战士"

布里斯托尔156"英俊战士"（Bristol Type 156 Beaufighter）由英国布里斯托尔飞机公司在二战期间生产。最初它被认为是布里斯托尔"波弗特"鱼雷轰炸机的一个重型战斗机型号。"英俊战士"服役后，被证明很适合作为夜间战斗机来使用。英国皇家空军在不列颠空战中使用过"英俊战士"，主要原因是它的尺寸大，可以携带重武器和早期笨重的空中截击雷达。

在服役期间，"英俊战士"进行过多次改装，以完成不同的任务，如

夜间战斗机、使用火箭弹的对地攻击机、鱼雷轰炸机等。后期，"英俊战士"主要担任海上攻击/对地攻击任务。

"英俊战士"的概念起源于1938年慕尼黑危机中。布里斯托尔飞机公司认为，英国皇家空军需要一架能够携带大量武器，机体、机翼、发动机舱、起落架和尾部要有较大的结构空间和强度，能够轻易地进行改装以增加速度和机动性的远程战斗机。利用现有机翼、后机身、机尾等机体结构部件来制造"英俊战士"战斗机，可以最大限度地缩短研制周期。

布里斯托尔的设计团队开始利用"波弗特"轰炸机，以它为基础能够最大限度地缩短研制周期，同时还能利用部分"波弗特"的生产设施。作为鱼雷轰炸机和侦察机，"波弗特"表现优异。然而，为让"英俊战士"能有战斗机一样的性能，布里斯托尔认为，"英俊战士"需要1103千瓦的"大力神"发动机。"大力神"是一种体形大、马力强劲的发动机，螺旋桨直径大。为获得必要的离地间隙，发动机安装在机翼中心。1938年10月，该项目内部指定编号156。1939年3月被命名为"英俊战士"。

开发初期，布

双机编队飞行的"英俊战士"Mk VI C，驾驶舱后座的机枪样式与其他型号的有所不同

里斯托尔已经正式为未来的飞机定下各种变型，包括配备3个座位的轰炸机，机背还有旋转炮塔，指定为武装型编号157。机身更窄的指定为编号158。布里斯托尔提出他们对战斗机的展望——"波弗特"双发动机战斗机。虽然发展双发动机战斗机没有必要，但空军参谋部对该提案表现出极大的热情。

1938年11月16日，布里斯托尔接受正式授权，开始项目的详细设计。布里斯托尔利用了"波弗特"的部分生产线，这有助于加快生产进度。布里斯托尔曾答应系列产品的生产在1940年初开始。虽然他预计利用"波弗特"组件将加快这一进程，但机身需要更多的设计工作，以至于最终不得不完全重新设计。对"波弗特"火炮战斗机现有的设计进行开发和生产的转换，比一个全新的设计更节省时间。6个月内原型机已经生产完成。从"波弗特"到"英俊战士"原型，一共用了2100张图纸，在后来发展生产过程中，图纸又多了一倍以上。初期生产合同订货300架。

因为使用了"波弗特"的设计，所以原型机发展速度较快。原型机增加了机翼面积，强化了主起落架，以应对飞机重量的增加，保障飞机硬着陆的安全性。1939年7月17日，第一架原型机进行了首飞，没有携带武器。

第一架原型机的动力由两台双速增压"大力神"I-IS发动机提供，无挂载情况下，在5120米高度速度可达538千米/时。第二架原型机配备了"大力神"IM发动机（类似"大力神"II），并携带了作战装备，在4572米高度速度只有497千米/时。第二架原型机的性能令人失望，尤其是额外的设备使重量增加，飞机性能下降。这些因素激发了采用更大功率发动机的想法。

1940年7月27日，已经生产的飞机改进了发动机舱和尾轮以减少空气阻力，油冷却器也被改到机翼前缘。"英俊战士"的装备也发生了实质性的变化，最初60发弹簧式鼓形弹仓的布置使用起来不便，因此，布里斯托尔提出了新的供弹系统，但是遭到拒绝，因为这一方案会导致设计一个全新的系统。后来提出的新方案改成了弹链供弹。最初的50架飞机只装备了20毫米希斯潘诺Mk II型航空炮，后来大部分飞机进行了修改，增加了6挺7.7毫米勃朗宁机枪。一侧机翼上4挺，另一侧2挺。

1941年中期，共有20架"英俊战士"被用于测试，包括发动机的研发、稳定性和可操作性的改进、进一步的武器试验，以及试验性修改机体寿命。1941年5月，2架"英俊战士"Mk II飞机改装成"英俊战士"Mk III标准，去掉了6挺机枪和2门航空炮，在飞行员的后面安装了一个4联装炮塔，其目的是解决俯冲对飞机的影响和重心靠前的问题。在武器试验中，"英俊战士"拆除了机枪和航空炮，而采用2门40毫米航空炮攻击地面目标。

1941年中期，"英俊战士"的生产已分成英国皇家空军双座远程昼夜战斗机和皇家空军双座远程沿海巡逻机。早期的飞机拥有相同的配件。随着时间的流逝，两个型号的武器装备变得越来越独立。这两种不同的型号

1941年9月，英国皇家空军第255夜间战斗机中队使用的早期"英俊战士"Mk II。它使用"梅林"发动机，排气管道上有消焰装置

并没有独立的编号，可从型号后面附加的后缀进行区分，战斗机使用"F"，沿海巡逻机使用"C"。

澳大利亚也生产过"波弗特"鱼雷轰炸机。澳大利亚政府在1943年1月做出了生产"英俊战士"的决定，但在澳大利亚"英俊战士"被分成两种型号——A8攻击机和Mk 21鱼雷轰炸机。澳大利亚"英俊战士"的设计和英国的设计不同，使用"大力神"VII型发动机，武器装备也有一些细微的变化。

"英俊战士"作为双发动机战斗机，在5000米高度上，全重7000千克时，最高航速540千米/时，可作为夜间战斗机使用。若作为夜间战斗机使用，机载雷达必不可少，4门20毫米航空炮安装在机身下部，为雷达空出了机头位置。庞大的机头可以容纳笨重的空中拦截设备，这些设备难以安装在单发动机的战斗机上。

在夜间，机载雷达可以有效地发现空中飞行的敌机。但是由于安装雷达之后飞机重量达到9100千克，"英俊战士"显然无法追上德国轰炸机，这限制了飞机的实用性。1941年1月，改进后的新型机载截击雷达出现了，"英俊战士"成为有效的夜间战斗机之一。

1940年10月25日，"英俊战士"首开纪录，在白天击落了多尼尔Do-17轰炸机。1940年11月19日夜，"英俊战士"在雷达的引导下击落了容克Ju 88轰炸机。至1941年3月，英国皇家空军在夜间共击落了22架德国飞机，其中一半是被"英俊战士"击落的。1942年底，速度更快的夜间战斗型"蚊"式轰炸机接替了"英俊战士"。

作为皇家空军双座远程沿海巡逻机，"英俊战士"可以携带鱼雷、炸弹和火箭弹，主要执行反舰、对地攻击和远程拦截任务。随着北非和中东地区战事的升级，布里斯托尔认识到英国皇家空军在沿海需要远程重型战斗机。1941年初，他开始着手开发"英俊战士"Mk I C远程战斗机，以满

足这一要求。

1941 年春，装备"英俊战士"Mk I C 远程战斗机的第 252 中队首先到达马耳他。1941 年 6 月，第 252 中队在马耳他声称击落了 49 架敌机。"英俊战士"对付轴心国在地中海的航运非常有效。1941 年，英国加强对德国进攻性作战，阻止德国人前进，"英俊战士"在法国和比利时开始进攻行动，重点攻击敌人的运输线。1941 年 12 月，英国突击队前往被占领的挪威小岛沃格岛参与突袭行动，"英俊战士"提供空中火力压制。1942 年，"英俊战士"在比斯开湾进行长程巡逻、拦截和护航，攻击试图拦截盟军反潜巡逻的德国容克 Ju 88 和福克-沃尔夫的 Fw 200。英国第 8 集团军在西部沙漠行动期间，"英俊战士"为地面部队提供空中支援。

1942 年 6 月 12 日，英国皇家空军第 236 中队的"英俊战士"Mk I C 飞到被德国人占领的法国巴黎，在白天以极低的高度掠过凯旋门，扫射了协和广场的盖世太保总部。

1942 年中期，"英俊战士"Mk VI C 开始交付。1942 年底，Mk VI C 开始携带英国生产的 457 毫米或美国生产的 572 毫米鱼雷。1943 年 4 月在挪威，英国皇家空军第 254 中队第一次用鱼雷击沉两艘商船。

后来，"英俊战士"Mk VI C改装"大力神"Mk XVII发动机，发动机功率提高到1294千瓦，成为"英俊战士"Mk X（鱼雷战斗机）。"英俊战士"Mk X尝试在雷达引导下发现目标，用鱼雷或RP-3火箭弹进行攻击。"英俊战士"Mk X进行厘米波波长ASV（空对水面舰艇）雷达试验。机头和外翼安装有"人"字形的雷达天线。试验取得了成功，进一步增加了"英俊战士"攻击的准确性。1943年底，安装厘米波的Mk VIII雷达可实现"英俊战士"全天候攻击。

1943年中期，"英俊战士"使用航空炮和火箭弹压制敌方军舰高射炮，掩护低空投放鱼雷。10个月内，共击沉总吨位29 762吨（84 226米^3）。到1945年，"英俊战士"共击沉吨位15万吨（424 500米^3），共计117艘舰船。这是1942年至1945年之间，所有飞机击沉总吨位的一半。"英俊战士"损失了120架，241名机组人员死亡或失踪。

在地中海，美国陆军航空兵的第414中队、第415中队、第416中队和第417夜间战斗机中队在1943年夏天接收了100架"英俊战士"。1943年的整个夏天，"英俊战士"负责护航和地面攻击行动，并在夜间执行防御拦截任务。虽然1944年12月P-61战斗机开始抵达，

正在滑行的"英俊战士"

但美国陆军航空兵的"英俊战士"继续在意大利和法国执行夜间防御拦截任务，直到战争后期。

1942年，"英俊战士"到达亚洲及太平洋。英国记者发现日本人描述"英俊战士"为"悄无声息的死亡"，据说是因为攻击前没有听到飞机的声音或者看到飞机，等到发现时已经来不及了。这得益于"英俊战士"的"大力神"发动机的套筒使发动机噪声变小。东南亚"英俊战士"Mk VI F从印度起飞，作为夜间战斗机对驻缅甸和泰国的日军进行封锁。"英俊战士"Mk X负责对缅甸的日军地面目标进行攻击。在恶劣天气条件下，低空攻击是非常有效的。1942年4月20日，澳大利亚皇家空军的第一架"英俊战士"Mk I C由英国交付。最后一架飞机于1945年8月20日交付，共组成了两个"英俊战士"飞机中队：澳大利亚皇家空军第30中队在新几内亚，澳大利亚皇家空军第31中队在澳大利亚西北部。

1943年俾斯麦海战役期间，澳大利亚皇家空军使用的"英俊战士"与美国陆军航空兵使用的道格拉斯A-20"波士顿"和北美B-25"米切尔"轰炸机混合编队作战。澳大利亚皇家空军第30中队在桅杆高度为攻击海上目标的轰炸机提供压制火力，以损失5架飞机的代价击沉了8艘运输舰和4艘驱逐舰。日本人印象中，在盟军鱼雷或炸弹攻击前，"英俊战士"用4门20毫米航空炮和6挺7.7毫米机枪压制护航舰船上的防空武器，掩护桅杆高度轰炸和跳跃轰炸的美国攻击轰炸机。

截至1945年9月英国的生产线关闭，"英俊战士"共生产了5564架。澳大利亚在1946年停止生产前，共生产了365架Mk 21。

"英俊战士"TF X数据

基础数据

*乘员：2人

* 长度：12.6米

* 翼展：17.65米

* 高度：4.84米

* 机翼面积：46.73米^2

* 空重：7072千克

* 最大起飞重量：11 521千克

* 动力装置：2台布里斯托尔"大力神"14缸星型发动机，每台功率1200千瓦

性能

* 最大飞行速度：515千米/时（在3050米高度）

* 航程：2816千米

* 升限：5795米（无鱼雷）

* 爬升率：8.2米/秒（无鱼雷）

武器

* 枪炮：

    1挺7.7毫米勃朗宁后座机枪

    6挺7.7毫米勃朗宁机枪

* 航空炮：4门20毫米希斯潘诺Mk II型火炮

* 炸弹：2枚227千克炸弹

* 鱼雷：1枚457毫米鱼雷或1枚Mk 13鱼雷

* 火箭：8枚27千克RP-3火箭弹

2.23 布莱克本"火把"

布莱克本"火把"（Blackburn Firebrand）是布莱克本飞机有限公司在

二战期间为英国皇家海军航空兵设计的单发动机战斗攻击机。原本打算作为一个纯粹的战斗机，但布莱克本飞机不起眼的业绩及纳皮尔"军刀"活塞式发动机被优先供给霍克"台风"，导致飞机被重新设计为一个战斗攻击机，以充分利用其潜力。布莱克本"火把"发展缓慢，第一架生产型飞机直到二战结束也没有交付使用，战后也只有200多架在英国皇家海军服役。

一般情况下，舰载空军部队需要能够在海上远距离飞行的战斗机，速度快慢不是关键。保护英国皇家海军基地理论上是英国皇家空军的任务，但英国皇家海军部队也得承担一部分任务。为此，它需要一种拦截敌方飞机的战斗机，何况1940年初的挪威战役也显示了高性能舰载单座战斗机的巨大优势。布莱克本采用招标发动机的方法，最后采用了纳皮尔"佩剑"24缸H型发动机。空军部规范N.11/40规定最低速度为650千米/时，并于1941年1月发出订购3架原机的命令。

"火把"是一架全金属下单翼飞机。座舱和机身是一个椭圆形的半硬壳，其前部具有圆形截面的管状钢框架，可容纳770升主油箱和320升辅助

"火把"TF Mk IV

知识卡

布莱克本飞机有限公司

布莱克本飞机有限公司（Blackburn Aircraft Limited)是英国的飞机制造商，主要为英国皇家海军提供飞机，由罗伯特·布莱克本(Robert Blackburn)创立。公司名称最初为布莱克本飞机公司，1939年变更为布莱克本飞机有限公司。1949年与通用飞机有限公司合并为布莱克本和通用飞机有限公司。1958年恢复到布莱克本飞机有限公司。1963年被收购，飞机生产和发动机业务分别并入霍克·西德利和布里斯托尔·西德利。

油箱。整齐的发动机散热器被安在机翼根部。主翼由两个翼梁组成，具有可折叠的外翼，可以节省在航空母舰和库内停放的空间。为了增加升力和降低着陆速度，机翼上配备了大型液压动力襟翼，延伸到副翼的边缘。

4门20毫米HS.404西班牙西扎航空炮固定安装在外翼翼中。常规起落架的主动轮安装在中心翼段的外部，并向内侧收回。有一个空速表安装在驾驶舱仪表盘上面，以便飞行员在着陆过程中不必向下看驾驶舱就可读取仪表读数，这类似现代化的平显装置。

1942年2月27日，没有武器的第一架原型机用"军刀"II型发动机试飞；7月15日，带有武装的原型机试飞。初步飞行试验的结果令人失望，

英国皇家海军的"火把"

因为飞机的最高速度只达到515千米/时。用"军刀"III型发动机（专为"火把"制造的发动机）替换"军刀"II型发动机，将其最高速度提高到576千米/时。第二架原型机在航母甲板上进行了着陆试验。

1943年2月，"军刀"发动机遇到了生产问题，布莱克本需要一个新的发动机，并对机身进行改装。为了不浪费布莱克本设计的时间和精力，空军生产部决

定将"火把"转变为战斗攻击机，以满足航空母舰上对能够携带炸弹、火箭弹，并能够空投鱼雷的单座战斗轰炸机的需求。9架"火把"Mk I飞机按照原始标准进行了生产，并参加试验和开发工作。

1943年3月31日，"火把"TF Mk II（公司指定的B-45）进行了试飞。为了避开主轮中心线的鱼雷，Mk II将机翼加宽了39.4厘米，以腾出足够的空间而不影响中心线的鱼雷。"火把"Mk III换装了布里斯托尔开发的1800千瓦"半人马座"VII星型发动机。第一架原型机于1943年12月21日试飞，但飞机的生产非常缓慢。1944年11月，生产型才进行试飞。机体的大多数变化都与直径较大的"半人马座"发动机有关，包括化油器的进气口和在机翼根部延伸部分中的机油冷却器的变化。弹簧控制的调整片也安装到所有控制表面。第10批生产的"火把"Mk III安装了改进的"半人马座"IX发动机，这款发动机功率大，具有比"军刀"发动机更强的扭矩，会导致起飞降落时舵效的控制不足，在着陆时非常容易导致飞机发生侧翻，不得不使用襟翼进行调整。

随后课题组开始研究Mk IV（B-46），决定加大飞机的垂尾面积，提高低速下飞机控制的稳定性，扩大了方向舵角度，垂尾偏移3°，以抵消4叶螺旋桨的扭矩。机翼上下表面都配有俯冲减速板。

飞机的每个机翼下可以挂载一个205升的辅助油箱或8枚RP-3火箭，也能携带910千克炸弹。鱼雷的挂架可以旋转，在地面停放时可增加鱼雷的离地间隙，便于飞机起降；飞行过程中可减少阻力。机腹中心也可以安装一个455升的副油箱来代替鱼雷。

"火把"Mk IV于1945年5月17日试飞，后来只生产了170架。

后来的"火把"Mk V具有微小的空气动力学改进。"火把"的最终版本是"火把"Mk VA，主要改进是加装了液压助推副翼，以增加飞机的翻滚率。所有的"火把"Mk V都重新按照Mk VA的标准进行了升级。

布莱克本"火把"在1953年停产之前只生产了223架。

布莱克本"火把"
TF Mk IV（EK737）

"火把"TF Mk IV数据

基础数据

* 乘员：1人

* 长度：11.81米

* 翼展：15.634米

* 高度：4.04米

* 机翼面积：35.6米^2

* 空重：5197千克

* 最大起飞重量：7575千克

* 燃油容量：1090升

* 动力装置：1台布里斯托尔"半人马座"IX 18缸星型发动机（功率1880千瓦）

* 螺旋桨：4叶桨，直径4.04米

性能

* 最大飞行速度：550千米/时

* 巡航速度：412千米/时

* 航程：1199千米

* 爬升率：13米/秒

武器

* 航空炮：4门20毫米HS.404航空炮

* 火箭：16枚27千克RP-3火箭弹

* 炸弹：1枚840千克鱼雷或2枚910千克炸弹

2.24 布莱克本"海盗"

布莱克本"海盗"（Blackburn Buccaneer）是20世纪50年代中期布莱克本设计生产的一种舰载攻击机。几十年间，它不仅在英国皇家海军航空兵服役，还被皇家空军和南非空军采用，其服役生涯之长超过了设计者原先的期望。霍克·西德利集团收购布莱克本飞机生产公司后，布莱克本"海盗"变成霍克·西德利"海盗"，但很少有人这么叫。

"海盗"的最初设计目的是应对苏联大规模建造"斯维尔德洛夫"级巡洋舰的计划。相反，英国人不是考虑增加自己新舰队的数量，而是决定使用"海盗"在超低空利用敌方舰船的雷达盲区接近目标进行攻击。"海盗"将使用核弹或常规武器一次性攻击的方式，攻击后迅速离开作战区域。后期，"海盗"的攻击武器由核弹改为短程反舰导弹，以进一步提高"海盗"在敌方现代化的舰载防空武器下的生存能力。

1952年6月，海军工作人员发布NA.39招标书，对飞机的要求包括：具有折叠翼的

携带"海鹰"反舰导弹的"海盗"S.2D

双座飞机，能够以1019千米/时的速度在海平面飞行，在低空高度上具有741千米的航程，在较高的巡航高度上具有1482千米的航程；可以携带3629千克的武器，包括常规炸弹、"红胡子"自由落体核弹或"绿色奶酪"战术反舰核导弹。根据这些要求，供应部于1952年8月发布规范M.148T。布莱克本提出了B-103项目，于1955年7月获得投标。出于保密的原因，飞机在文件中被称为BNA（Blackburn Naval Aircraft）或BANA（Blackburn Advanced Naval Aircraft），代表"布莱克本海军飞机"或"布莱克本先进海军飞机"。这个缩略语后来演变成"香蕉"（Banana）。第一架原型机于1958年4月30日进行了首飞。

第一架生产型"海盗"S.1于1963年1月进入舰载空军中队服役。它由两台德·哈维兰Gyron小型涡轮喷气发动机提供动力，能产生3221千克的推力。后来发现其动力不足，会导致飞机无法携带充足的燃料和装备满载起飞。这个问题最后靠空中加油才临时解决：飞机起飞时满载武器和最少的燃料，通过空中加油补充燃料。

对使用低功率发动机的S.1的长期解决方案是推出"海盗"S.2，它配备了斯贝发动机，

1962年，"海盗"S.1白色配色方案是为了降低在进行核打击之后受辐射的影响

增加了40%的推力，燃料消耗明显低于纯涡喷发动机，航程和速度都有所增加。但发动机舱必须扩大，以适应斯贝发动机，机翼不需要进行较大的空气动力学修改。1962年1月，霍克·西德利宣布采购S.2。英国皇家海军在1966年年底前改装成"海盗"S.2标准。

1962年10月，南非空军采购了16架"海盗"S.50。"海盗"S.50是"海盗"S.2的改进型，增加了布里斯托尔·西德利BS.605助推火箭发动机，为飞机提供额外的推力，便于在处于高原的、炎热的非洲机场起飞。"海盗"S.50也改装加强了起落架和更高效力的刹车系统，机翼可以手动折叠。南非空军装备了AS-30空地导弹。由于需要巡逻辽阔的海岸线，南非空军还指定了飞行中加油和增加1628升副油箱。正式投入使用后，南非空军发现BS.605火箭发动机的额外推力没有必要，并最终将其从所有飞机上拆除。南非后来试图进一步改进"海盗"，但由于英国政府实施了对南非的联合国武器禁运而被取消了。

为了取代英国"堪培拉"轻型轰炸机，响应OR.339计划，英国皇家空军开始尝试采购新飞机：具有超声速飞行能力和1000海里（1852千米）作战半径；能够携带核武器进行远距离飞行的全天候飞机；飞机能以1.2到2马赫的速度飞行；具有短距起降能力。布莱克本提出了两个设计：B.103A，在"海盗"S.1的基础上简单地修改燃油系统；B.108，具有复杂的航空电子和更多的升级。但是，这两种机型都被英国皇家空军拒绝了，因为B.103A只能亚声速飞行，不能满足要求，而B.108保留了德·哈维兰Gyron发动机，比"海盗"S.1重4536千克，严重影响起飞性能。

BAC TSR-2于1959年被选中，最终又被取消。在相继取消TSR-2和美国通用动力的F-111K后，英国皇家空军仍然需要更换"堪培拉"，而皇家海军的航母退休，意味着皇家空军还需要增加一个海上打击能力。因此，英国皇家空军1968年决定采购"海盗"。霍克·西德利一共为皇家空军生产了46架新飞机，命名为"海盗"S.2B，均采用皇家空军的通信和航空电子设备、"马特尔"空地导弹，并且可以装备一个有保形油箱的弹舱舱门。

有些舰队航空兵的"海盗"进行过改装，可以携带"马特尔"反舰导弹。这种可以挂载"马特尔"反舰导弹的飞机被称为"海盗"S.2D，无法携带"马特尔"反舰导弹的"海盗"则被称为"海盗"S.2C。英国皇家空军的飞机被赋予各种升级：通过添加 AN／ALQ-101 的改进型 ECM 吊舱（皇家空军的"美洲虎"GR3 也有携带）、箔条/红外诱饵弹发射器和 AIM-9 "响尾蛇"导弹增强自卫能力；有些"海盗"可以携带455千克延迟炸弹，可以对任何尾追飞机进行威慑。

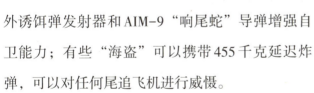

"海盗"S.2B机身下有明显的带有保形油箱的弹舱舱门

1978年，英国海军史上最大、最重、攻击力最强的"皇家方舟"号航空母舰退役，"海盗"的攻击角色由"海鹞"战斗攻击机代替，"海盗"被送往皇家空军。1979年，英国皇家空军得到了美国 AN/AVQ-23E "铺路钉"激光指示器吊舱和"宝石路" II 制导炸弹，允许为其他"海盗""美洲虎"等攻击机进行目标指示。1980年，"海盗"

因为金属疲劳问题，被英国皇家空军减少到60架，而其余的被报废。1986年，英国皇家空军第208中队和第12中队更换了AS-37"马特尔"与"海鹰"导弹。冷战的结束导致了皇家空军的缩编，加速了剩余"海盗"的退役。海军陆战队最后一架服役的"海盗"于1994年退役，被"狂风"战斗机代替。

"海盗"攻击机共生产了211架。

"海盗" S.2 数据

基础数据

* 乘员：2人

* 长度：19.33米

* 翼展：13.41米

* 高度：4.97米

* 机翼面积：47.82米^2

* 空重：14 000千克

* 装载重量：28 000千克

* 动力装置：2台斯贝的Mk 101涡扇发动机，每台推力5035千克

性能

* 最大飞行速度：1074千米/时（在61米高度）

* 航程：3700千米

* 升限：12 200米

* 翼载荷：587.6千克/米^2

* 推力/重量：0.36

武器

* 外挂点：翼下4个挂架与1个内部旋转弹舱，可容纳5443千克弹药

＊火箭：4个马特拉火箭发射巢，每个发射巢有18枚68毫米火箭弹

　　＊导弹：2枚AIM-9"响尾蛇"空空导弹、2枚AS-37"马特尔"导弹或4枚"海鹰"导弹

　　＊炸弹：各种非制导炸弹、激光制导炸弹、"红胡子"或WE177战术核弹

　　＊其他：

　　AN/ALQ-101 ECM吊舱

　　AN/AVQ-23"铺路钉"激光指示器吊舱

　　副油箱

2.25 宇航公司"鹞"Ⅱ

　　"鹞"Ⅱ（Harrier Ⅱ）是英国宇航公司生产的第二代垂直/短距起降（V/STOL）喷气式作战飞机，其主要任务是海上巡逻、舰队防空、攻击海上目标、侦察和反潜等。2006至2010年间，该机在英国皇家海军服役，是"鹞"式战斗机家族的最新成员。"鹞"Ⅱ在首次交付使用时被指定编号为"鹞"GR5，随

2008年，英国皇家空军的"鹞"GR9

后升级机身,并相应地将编号改为"鹞"GR7和"鹞"GR9。

在联合作战体系下,英国皇家空军、英国皇家海军及海军陆战队采购过"鹞"II。"鹞"II参加过很多战争,如科索沃战争、伊拉克战争和阿富汗战争。"鹞"II主要执行空中遮断和近距空中支援任务,也用于侦察任务。

2010年10月19日,预算压力导致"鹞"II被宣布将于2011年4月开始退役,F-35B"闪电"II将作为海军"伊丽莎白女王"级航母的战斗机。"鹞"II的退役决定是有争议的,一些高级官员呼吁将"狂风"作为替代品,但没有任何固定翼飞机能够从海军的航空母舰起飞。

第二代"鹞"式飞机的研制起步非常早,甚至可以追溯到"海鹞"问世之前。霍克·西德利急于推出新一代"鹞"式飞机的根本原因在于,军方对"鹞"式缺乏超声速性能、航程和载弹量都无法得到满足感到不满。"鹞"式家族的三大型号系列中,早期"鹞"系列和"海鹞"系列的主承包商都是英国宇航公司,发展早期"鹞"的后继型时,美国海军陆战队和英国皇家空军有着各自的计划(美国的称为AV-8B,英国的称为"大翼鹞"),不过,最终皇家空军选择了技术上容易实现的美国AV-8B计划。1981年,美国麦道公司和英国宇航公司签订了联合生产协议,商定双方分别承担AV-8B 60%和40%的工作量，英国的"鹞"GR5的工作量双方各占50%，而对任何来自两国之外的订单则分别承担75%和25%的工作量。此外，普惠还承担发动机制造的25%的份额（按照价格计算），其余由英国劳斯莱斯承担。麦道和宇航还要负责各自所生产机身段内系统的安装，而所有飞机的喷气操纵系统都由宇航公司负责生产。最终装配工作在英国进行。第一架原型机于1981年飞行。1985年4月30日，"鹞"GR5首次飞行，并于1987年7月开始服役。"鹞"GR5与AV-8B有许多区别，如航空电子设备、武器等，"鹞"GR5机翼还具有不锈钢前缘。1989年12月，英国皇家空军宣布装备"鹞"II。

"鹞"GR5

"鹞"II是第一代"鹞"GR1/GR3系列的修改版本。原先的铝合金机身被新型复合材料替换，使得飞机重量明显减轻，增加了挂载能力和航程。新的单面机翼增加了大约14%的面积，同时也增加了机翼厚度。机翼和前缘根部延伸与第一代"鹞"相比在304.8米高度上有效载荷增加了3035千克。像英国宇航公司的"海鹞"一样，"鹞"II每个翼起落架前都有一个额外的导弹挂架，且加强了机翼的不锈钢前缘，以满足更高的防鸟类

第2章 沙场点兵——型号介绍

撞击要求。

"鹞"II的座舱具有昼夜可操作性，并配备有平视显示器、被称为多用途彩色显示器（MPCD）的两个向下显示器、数字移动地图、惯性导航系统和油门与飞行操作一体化操作杆（HOTAS）。像"海鹞"一样，"鹞"II使用了气泡座舱盖，改善了全景视野。重新设计的控制系统和飞机的侧向稳定性使得"鹞"II比第一代"鹞"GR1/GR3型更容易飞行。

英国皇家空军使用"鹞"II进行地面攻击和侦察，同时他们依靠近距AIM-9"响尾蛇"空空导弹进行空战。马岛战争中，AIM-9"响尾蛇"空空导弹已经被证明可以有效攻击空中目标。从1993年起，"海鹞"FA2也可以携带更远程的AMRAAM雷达制导空空导弹。"海鹞"安装有雷达，美国海军陆战队随后为他们的AV-8B配备了雷达，作为AV-8B＋升级的一部分。英国的"鹞"式从来没有安装过雷达。"海鹞"退役时，有人建议其"蓝雌狐"雷达可以转移到"鹞"II上使用。然而，国防部拒绝这样做，因为更换雷达的成本估计超过6亿英镑。

"鹞"GR5服役后，按照现代化作战需求进行了改装，改进之后的型号被称为"鹞"GR7，主要增加了夜间的操作能力，

飞行中的"海鹞"FA2

同时航空电子设备也进行了更换。"鹞"GR7开发项目计划增加一些航空电子设备，包括鼻镜前视红外和夜视护目镜、新的电子对抗系统、新驾驶舱显示器和替换移动地图系统。"鹞"GR7于1990年5月进行了首次飞行，并于1990年8月开始服役。1991年，在交付新生产的34架"鹞"GR7之后，所有"鹞"GR5都按照"鹞"GR7的标准进行了航空电子设备的升级。有些"鹞"GR7配备了升级的劳斯莱斯"飞马"发动机，相应地重新命名为"鹞"GR7A。"鹞"GR7A进一步改善了起飞和着陆能力，并且可以携带更多的有效载荷。从1998年起，一些"鹞"II开始使用TIALD激光指示器吊舱，也可以使用激光制导炸弹提高对地攻击能力，但是这些吊舱数量有限。为了解决1999年科索沃战争期间与北约飞机通信困难的问题，"鹞"GR7升级了加密通信设备。

"鹞"GR7的进一步重大升级型号是"鹞"GR9。"鹞"GR9是通过联合更新和维护计划（JUMP）开发的，该计划以增量方式提高了维护期间"鹞"的航空电子设备、通信系统和武器能力。第一个增量是通信、雷达警告和导航系统的软件升级，随后是增加AGM-65"小牛"空地导弹。最后添加了无人机载仪表显示系统（RAIDS）、雷神敌我识别系统（SIFF）、"宝石路"制导炸弹和数字联合侦察舱（DJRP）。

2007年2月，"鹞"GR9开始处理MBDA"硫磺石"导弹的试验。根据阿富汗的紧急行动要求（UOR），新型的狙击手瞄准吊舱取代了TIALD旧式吊舱。Link 16通信链路系统和战术信息交换能力（TIEC）系统计划部署在"鹞"II和"狂风"GR4上。2007年7月，BAE完成了7架更换后机身的"鹞"GR9。2008年7月，BAE开始升级和维护"鹞"II，估计到2018年将完成全部升级。

第一个接收"鹞"II的中队是驻扎在德国的英国皇家空军常驻部队。由于"鹞"II的航程范围和生存能力明显高于其前身"鹞"式战斗机，因

2010年，塞浦路斯，英国皇家空军的"鹞"II

此新的重点放在拦截地面目标上。1990年年底，"鹞"II中队进入全面备战状态。1991年海湾战争期间，"鹞"II被认为作战条件不成熟，没有安排行动。1993年起，"鹞"II被派往伊拉克的禁飞区进行巡逻。1994年，英国皇家空军第一代"鹞"式退役，"鹞"II已经接管了它的职责。

1994年6月，"鹞"GR7被部署在英国皇家海军的"无敌"级航母上进行试验。

1995年，南斯拉夫解体之后，克罗地亚族和塞尔维亚族之间的敌对行动导致北约派遣维和部队到该地区，以阻止暴力的进一步升级。"鹞"II的中队驻扎在意大利的空军基地，弥补了早期部署的英国皇家空军"美洲虎"的不足。攻击和侦察任务都由"鹞"II来完成。根据任务要求，"鹞"II进行了修改，将GPS导航整合到战区的作战中。

1997年，皇家海军开始部署"鹞"GR7，"鹞"GR7的作战能力很快得到证明。

1998年，"鹞"II通过驻扎在波斯湾的航空母舰部署到伊拉克。为了与"鹞"II更好地兼容，"无敌"级航空母舰进行了改装，包括通信、照明和飞行甲板的布局。

1999年，在北约组织科索沃特派团的联合部队行动期间，英国皇家空军出动了16架"狂风"战斗机和12架"鹞"GR7。1999年4月，在攻击塞族军事基地期间，皇家空军"鹞"GR7遭到防空火力的反击，但没有损失。"鹞"GR7在中高空投放激光制导炸弹轰炸目标。在78天的轰炸期间，"鹞"GR7共飞行了870架次。据英国广播公司报道，"鹞"GR7在冲突期间的直接命中率达到80%。后来的议会专家委员会发现，皇家空军飞机在战区耗费的弹药中有24%是精密武器。

2000年，对塞拉利昂的侦察飞行完全是由舰载"鹞"GR7执行的。

2003年，"鹞"GR7在伊拉克战争期间发挥了重要作用。战争爆发时，"鹞"GR7在伊拉克南部地区执行侦察和打击任务，负责摧毁"飞毛腿"导弹发射器，以防止其对科威特发射导弹。在战争之前，"鹞"GR7装备了新的武器——AGM-65"小牛"空地导弹。在伊拉克战争期间，"鹞"GR7共发射了38枚"小牛"空地导弹。

巴士拉战役中，"鹞"II对伊拉克的燃料库进行了多次打击，以削弱敌方地面车辆的使用。"鹞"II还攻击了坦克、船只和火炮。据称，大约30%的英国皇家空军"鹞"II战斗机的任务是近距离空中支援，支持盟军地面部队前进。

2003年4月，英国国防部承认，皇家空军在伊拉克使用了有争议的RBL755集束炸弹。

2004年9月，英国皇家空军在阿富汗的坎大哈部署了6架"鹞"GR7，以取代该地区的美国AV-8B。

2005年10月14日，一架"鹞"GR7A被塔利班击毁，另一架"鹞"GR7A在坎大哈的停机坪上被火箭弹击中，没有人在攻击中受伤。损坏的"鹞"GR7A进行了修理，而击毁的飞机则被更换。

"鹞"II在阿富汗战争初期的任务为支援和侦察，在赫尔曼德省作战期间，"鹞"II的空中支援任务的需求急剧增加。2006年7月至9月，英军"鹞"II对地面部队进行近距离空中支援所消耗的弹药总数，从179枚增加到539枚，其中大多数为CRV-7火箭弹。以前"鹞"式大部分时间都在白天执行任务，复杂气象条件下和夜间都无法执行任务。升级之后的"鹞"II可以24小时全天候执行任务。

2007年1月，"鹞"GR9作为北约国际安全援助部队（ISAF）的一部分被部署在坎大哈。

在阿富汗持续作战5年之后，英国最后一架"鹞"GR7在2009年6月从阿富汗战场撤出。"鹞"GR7进行过8500架次以上的飞行，超过22 000小时。

"鹞"GR7飞机于2010年7月退役。

"鹞"GR9预计将在2018年之前停止使用。

"鹞"II共生产了143架。

"鹞"GR7数据

基础数据

* 乘员：1人

* 长度：14.12米

* 翼展：9.25米

* 高度：3.56米

* 机翼面积：22.6米²

* 空重：5700千克

* 装载重量：7123千克

* 最大起飞重量：8595千克（垂直起飞），14061千克（滑跃起飞）

* 动力装置：1台劳斯莱斯"飞马"Mk 105矢量推力涡扇发动机，推力9866千克

性能

* 最大飞行速度：1065千米/时

* 作战半径：556千米

* 航程：3256千米

* 升限：15 170米

* 爬升率：74.8米/秒

武器

* 航空炮：2门25毫米"阿登"航空炮

* 外挂点：8个（翼下挂架站1A和7A仅用于空空导弹），总携弹量为3650千克

* 火箭：4个LAU-5003火箭吊舱，每个19枚CRV-7 70毫米火箭弹；4个马特拉火箭吊舱，每个18枚SNEB 68毫米火箭弹

* 导弹：6枚AIM-9"响尾蛇"空空导弹或4枚AGM-65"小牛"空地

2008年，英国皇家国际航空展上，"鹞"GR9在展示悬停能力

导弹

　　* 炸弹："宝石路"系列激光制导炸弹，无制导炸弹（包括3千克、14千克的教练弹）

　　* 其他：2个副油箱，侦察吊舱（如联合侦察吊舱）

2.26 达索"超级军旗"

　　达索"超级军旗"（Dassault Super Etendard） 是法国舰载战斗攻击机，由达索航空公司生产。"超级军旗"于1974年10月首飞，1978年6月开始在法国服役，参加了法国的众多军事行动，如科索沃战争、阿富汗战争和对利比亚的军事干预。

　　"超级军旗"也在伊拉克和阿根廷服役。两伊战争中，伊拉克使用"超级军旗"在波斯湾袭击了伊朗的油轮和商船。阿根廷使用的"超级军旗"和"飞鱼"反舰导弹在1982年马岛战争中发挥了相当大的作用，非常受欢迎。

　　"超级军旗"是在较早期"军旗"ⅣM的基础上发展出来的。20世纪50年代，法国人打算用"美洲虎"攻击机取代"军旗"ⅣM攻击机，成为舰载攻击机，命名为"美洲虎"M攻击机。然而，政治问题导致项目陷入困境，无法得到解决。1973年，"美洲虎"M的开发工作被法国政府正式取消。

有关方面建议法国海军用其他舰载攻击机取代"美洲虎"M攻击机，如沃特A-7"海盗"II和道格拉斯A-4"天鹰"。达索也有自己的方案——用"军旗"IV M的改进型"超级军旗"攻击机来满足要求。"超级军旗"基本上是利用现有机体，更换功率更大的发动机，采用新型机翼，改进航空电子设备。1973年，达索公司"超级军旗"攻击机的提议被法国海军接受，开始了原型机的组装。

达索公司生产了3架原型机，其中一架"军旗"IV M已经安装了新的发动机和航空电子设备，并于1974年10月28日试飞。法国海军的原意是采购100架"超级军旗"，然而随着预算的进一步削减和飞机单价的上升，最终只采购了71架"超级军旗"。1978年6月，"超级军旗"攻击机开始在法国海军服役。

1978年，达索公司为法国海军生产了15架"超级军旗"。1979年，第一个"超级军旗"中队已经交付法国海军。阿根廷海军也订购了14架"超级军

知识卡

达索航空公司

达索航空公司(Dassault Aviation)是一家法国飞机制造商，由马塞尔·达索创立于1929年。后来，达索收购了布雷盖(Breguet)，成立马塞尔·达索-布雷盖航空。1990年，公司更名为达索航空公司。

法国海军"戴高乐"号航母上的"超级军旗"

旗"攻击机，在其唯一的航空母舰"5月25日"号上使用。1983年，"超级军旗"所有的订单全部完成，最后1架飞机交付法国海军。

"超级军旗"是一种小型、单发动机、中单翼全金属结构飞机。机翼可折叠，具有大约45°的后掠角。飞机由非加力式的斯奈克玛"阿塔尔"（SNECMA Atar）8K-50涡轮喷气发动机提供动力，该发动机具有5000千克推力。"超级军旗"的主要新武器是法国AM-39"飞鱼"反舰导弹。"超级军旗"安装有汤姆逊-CSF"龙舌兰"雷达。"超级军旗"的主要技术进步就是内置了UAT-40中央计算机系统，该系统可以整合导航数据和功能、雷达信息和显示，以及武器瞄准和控制。

20世纪90年代，"超级军旗"进行了重大修改和升级，包括更新UAT-90计算机和换装新的汤姆逊-CSF"海

阿根廷的"超级军旗"。一侧机翼下挂有法国AM-39"飞鱼"反舰导弹，另一侧则使用副油箱进行配平

葵"雷达。雷达的搜索范围是"龙舌兰"雷达的近两倍。其他升级包括一个重新设计的驾驶舱及进行机身寿命延长工作。

2000年，"超级军旗"又做了进一步改进，包括：提高自卫能力和电子战能力，以躲避敌人的探测和攻击；升级和驾驶舱兼容的夜视镜；集成GPS惯性导航数据系统；可携带"达摩克利斯"激光指示器吊舱；可以携带激光制导炸弹。为了取代执行侦察任务的"军旗"IV，"超级军旗"可以携带侦察吊舱。"超级军旗"也可以携带战术核武器，最初只有自由落体式核弹，升级后，可以携带ASMP冲压喷气式巡航导弹、常规弹头或者核弹头。

1979年2月，法国共有3个"超级军旗"作战中队和1个"超级军旗"训练单位。法国的"克列孟梭"号和"福煦"号航母上都有"超级军旗"飞行中队。航母的航空联队通常由16架"超级军旗"、10架F-8"十字军"、3架"军旗"IV P侦察机、7架"贸易风"反潜机、2架SA 321"超级黄蜂"直升机和2架SA 365"海豚"直升机组成。

法国"超级军旗"的第一次作战任务发生在黎巴嫩。1983年9月22日，法国海军的"超级军旗"从"福煦"号航母上起飞，攻击了向法国维和人员开火的叙利亚部队。1983年11月17日，法国伞兵在贝鲁特遭遇恐怖袭击后，"超级军旗"袭击并摧毁了在巴尔贝克的伊斯兰阿马尔训练营。

1991年，纯粹攻击型"军旗"IV从法国退役。侦察型"军旗"IV P一直服役到2000年7月。20世纪90年代，"超级军旗"接受了一系列的升级，增加新的功能和更新现有的系统，以便在现代战场上继续使用。"超级军旗"升级成"超级军旗"SEM后，第一个战斗任务是1999年北约盟军部队在塞尔维亚的行动。据报道，"超级军旗"飞行了400多架次，摧毁了73%的任务目标，是参与塞尔维亚任务的所有飞机中表现最佳的。

"超级军旗"SEM还在"持久自由"行动中执行过空中打击任务。

挂载激光制导炸弹的"超级军旗"SEM

2001 年 11 月 21 日，"赫拉克勒斯"行动开始，"戴高乐"号航空母舰及"超级军旗"部署在阿富汗。2002 年 3 月 2 日，"超级军旗"在"蟒蛇"行动中支持法国和盟军的地面部队。"超级军旗"在 2004 年、2006 年、2007 年、2008 年、2010 年和 2011 年参加了在阿富汗的行动。它们的主要作用是携带激光指示吊舱，为达索"阵风"战斗机指示地面目标。

2011 年 3 月，北约执行联合国安理会第 1973 号决议，对利比亚采取军事行动，"超级军旗"与达索"阵风"配合执行作战任务。2015 年 11 月下旬，"超级军旗"从法国海军"戴高乐"号航母上起飞，对伊拉克和叙利亚的"伊斯兰国"激进分子进行空中打击。2016 年 7 月 12 日，"超级军旗"从法国退役，亚声速攻击飞机飞行 42 年后被达索

2016年3月，"超级军旗"从"戴高乐"号航母上最后一次起飞

"阵风"M取代。

阿根廷因被美国实施武器禁运，并拒绝为其A-4Q"天鹰"提供备件，遂决定在1979年购买14架"超级军旗"。

1982年，马岛战争期间，阿根廷的"超级军旗"被用作"飞鱼"反舰导弹的发射平台

1981年8月至11月，5架"超级军旗"和5枚AM-39反舰导弹被运到阿根廷。配备了"飞鱼"反舰导弹的"超级军旗"，在1982年阿根廷和英国之间的马岛战争中发挥了关键作用。

1982年5月2日，阿根廷的"超级军旗"第一次攻击英国舰队，但由于飞行距离问题而被放弃。5月4日，两架"超级军旗"在洛克希德P-2H"海王星"巡逻机的指挥下，用"飞鱼"导弹击沉了英国驱逐舰"谢菲尔德"号。5月25日，两架"超级军旗"的另一次攻击，击沉了"大西洋输送者"号商船。

冲突结束后的1984年，阿根廷收到了订购的全部14架"超级军旗"及武器装备。"超级军旗"部署在"5月25日"号航空母舰上，直到航母退役。

1993年以来，阿根廷飞行员在邻国巴西海军的"圣保罗"号航空母舰上进行练习；和美国海军联合演习期间，在美国海军的航母上进行起降。

2009年，阿根廷和法国签署了一项协议，以升级阿根廷剩余的"超级军旗"。早先提出的收购法国海军"超级军旗"的建议由于机体使用寿命剩余太短而被拒绝。

1983年，法国的5架"超级军旗"被借给伊拉克，伊拉克当时正在等待交付配备"龙舌兰"雷达的达索"幻影"F1。1983年10月8日，第一架飞机抵达伊拉克。法国向伊拉克提供"超级军旗"在政治上是有争议的，遭到美国和伊朗的反对。1984年3月，两伊战争期间，"超级军旗"开始在波斯湾用反舰导弹攻击伊朗商船，运载原油的伊朗油轮也受到伊拉克的攻击。

1984年4月，1架伊拉克"超级军旗"声称击落伊朗的F-4"鬼怪"II。1984年7月26日和8月7日，伊朗宣称用F-14"雄猫"击落了"超级军旗"，一共击落了3架。但法国在1985年表示，5架租赁出去的飞机中有4架回到了法国。

"超级军旗"配备有2门30毫米"德发"553航空炮，每门炮备弹125发。机上有5处挂载点：机腹中线挂载点可携弹590千克；两处翼下内侧可挂载1090千克弹药，两处翼下外侧可挂载450千克弹药。在执行攻击任务时，可配备6枚250千克炸弹或4枚400千克炸弹，或4具LRI50火箭巢，每具火箭巢可容纳18枚68毫米火箭弹。"超级军旗"还可以挂载马特拉R550"魔术"空空导弹用以自卫。"超级军旗"通常以右翼内侧挂架携挂"飞鱼"导弹，左翼则携挂副油箱以起到平衡作用。后期则可以挂载"达摩克利斯"激光指示器吊舱、激光制导炸弹、侦察吊舱、自由落体式核弹和ASMP巡航导弹。

"超级军旗"共生产了85架。

"超级军旗"数据

基础数据

* 乘员：1人

* 长度：14.31米

* 翼展：9.60米

* 高度：3.86米

* 机翼面积：28.4米²

* 空重：6500千克

* 最大起飞重量：12 000千克

* 动力装置：1台斯奈克玛8K-50涡喷发动机，推力5000千克

性能

* 最大飞行速度：1205千米/时

* 航程：1820千米

* 作战半径：850千米（携带一枚AM-39"飞鱼"导弹和副油箱）

* 升限：13 700米

* 爬升率：100米/秒

* 翼载荷：423千克/米²

* 推力/重量：0.42

武器

* 炮：2门30毫米"德发"553航空炮，每门炮备弹125发

* 外挂点：4个翼下和1个机身挂点，可挂载2130千克弹药

* 火箭：4个马特拉火箭吊舱，每个吊舱18枚SNEB

一架"超级军旗"为另一架"超级军旗"进行空中加油

68毫米火箭弹

＊炸弹：非制导或激光制导炸弹，AN-52自由落体核弹

＊导弹：

1枚AM-39/40"飞鱼"反舰导弹

1枚ASMP冲压喷气式巡航导弹

2枚AS-30L空地导弹

2枚马特拉R550"魔术"空空导弹

2.27 "美洲虎"攻击机

"美洲虎"攻击机（SEPECAT Jaguar）是英、法联合研制的喷气式攻击机。在英国皇家空军和法国空军服役，负责近距空中支援和核打击任务。

双机飞行的"美洲虎"攻击机编队

"美洲虎"攻击机在20世纪60年代构想作为具有对地攻击能力的轻型喷气教练机。随后，对飞机的要求改变为能够进行超声速飞行，执行侦察和战术核打击任务，还计划成为法国舰载攻击机，但这个计划最后被取消了，舰载攻击机由更便宜的达索"超级军旗"取代。

"美洲虎"出口到印度、阿曼、厄瓜多尔和尼日利亚，在毛里塔尼亚、乍得、伊拉克和巴基斯坦等国的许多冲突和军事行动中被使用，在整个冷战期间，为英国、法国和印度提供了一个现成的核运载平台。在海湾战争中，"美洲虎"因其可靠性而受到赞誉。"美洲虎"在法国空军作为主要的战斗/攻击飞机，直到2005年7月1日被达索"阵风"取代，在英国皇家空军，直到2007年4月底被"狂风"和"台风"取代。

　　"美洲虎"方案开始于20世纪60年代初，英国准备以先进的超声速喷气教练机取代福兰"蚊"式T1和霍克"猎人"T7。法国要求价格便宜的亚声速教练机和轻型攻击机，以取代富加CM 170"教师"、洛克希德T-33和达索"超神秘"IV。这两个国家的公司进行了招标设计：英国方面的BAC、狩猎飞机、霍克·西德利和福兰；法国方面的布雷盖、南方飞机、诺德和达索。1965年5月，英国和法国方面签署了一项谅解备忘录，共同为两国开发两架飞机，一架是基于ECAT（具备作战和战术支援能力）的教练机，另一架是较大的超声速多用途可变后掠翼战斗机，代号AFVG（Anglo-French Variable Geometry），后来飞机改成UKVG方案，即"狂风"战斗机。

　　英国和法国的谈判导致了SEPECAT（欧洲战斗教练和战术支援飞机公司）的出现。1966年，布雷盖和英国飞机公司合资生产机身。虽然部分设计基于布雷盖Br.121，使用相同的基本配置，但法国方面重新设计了起落架，英国公司重新设计了主翼，抬高了机翼位置。

　　飞机将在两条生产线上组装，一条在英国，一条在法国。为了避免重复的工作，每个飞机部件只有一个来源。英国轻型攻击/战术支援型号的设计是苛刻的，要求超声速性能，完善的航空电子设备，精确的导航/攻击系统，移动地图显示，激光测距仪和标记目标导引头（LRMTS），精确度和复杂性比法国型号的高，与最初的Br.121设计相比，采用了更窄的机翼、重新设计的机身、抬高的驾驶舱和全新的发动机，为公众展示时表现出共享设计的错觉。英国的设计事实上已经偏离了法国亚声速的Br.121。

英国和法国之间的AFVG计划最终被取消。虽然英国飞机公司和布雷盖之间的技术合作进展顺利，但达索在1971年接管布雷盖后，鼓励布雷盖发展自己的设计，如"超级军旗"攻击机和"幻影"F1战斗机，因为这可以比英法合作生产"美洲虎"获得更多的利润。

最初的计划是，英国购买150架"美洲虎"B教练机及先进的BAC-Dassault AFVG飞机，法国购买75架"美洲虎"E教练机和75架"美洲虎"A单座攻击机。达索对合作生产AFVG不感兴趣。达索自己研制了"幻影"G双座双发变后掠战斗原型机。

1967年6月，法国以资金匮乏为由取消了AFVG。这使得英国皇家空军计划在20世纪70年代具有核打击能力成为泡影。在法国取消AFVG的同时，德国对"美洲虎"表示了极大的兴趣。

英国皇家空军最初计划购买150架教练机。然而，随着TSR2和P.1154的消失，英国皇家空军意识到他们现在需要的不仅仅是具有攻击能力的高级教练机。皇家空军的核打击阵容，包括美国F-111，加上AFVG，都是以战术核打击为目的的。

有人担心F-111和AFVG都是高风险项目，而且法国人已经提出了取代"美洲虎"的计划，因此，英国皇家空军推出了一个"美洲虎"备份计划。他们需要新的轻型攻击机以提供战术核打击能力。1970年10月，英国皇家空军的采购要求已经改为165架单座攻击机和35架教练机。

"美洲虎"攻击机可以执行近距离空中支援、战术侦察和战术打击任务，以取代麦道的"鬼怪"F-4G。"鬼怪"F-4G则主要用于防空。法国和英国的教练机最终分别发展成"阿尔法"喷气教练机和霍克·西德利"鹰"式教练机。与此同时，法国选择了"美洲虎"攻击机取代"军旗"

IV攻击机，并且增加订购了40架舰载"美洲虎"M攻击机。海军对飞机的要求显然与空军完全不同，对舰载机技术含量要求比较高，还要求飞机具有超声速飞行能力，优化在高威胁环境下对地面目标的攻击。

"美洲虎"是一架单座、后掠翼双发动机攻击机。最初配置为最大起飞重量15吨，使用内部燃油的作战半径为850千米，"美洲虎"攻击机比竞争对手米高扬的米格-27航程更远。"美洲虎"可以搭载4500千克的武器装备。典型武器装备包括马特拉LR.F2火箭吊舱、BAP 100毫米炸弹、"马特尔"AS-37反辐射导弹、AIM-9"响尾蛇"空空导弹和"石眼"集束炸弹。英国皇家空军的"美洲虎"在海湾战争期间使用了新的武器，包括CRV-7高速火箭弹和美国CBU-87集束炸弹。"美洲虎"装备了2门30毫米法国"德发"航空炮，或者使用30毫米英国"阿登"航空炮。

"美洲虎"攻击机有2个机翼挂架，用于挂载近程空空导弹，可以使用马特拉R550"魔术"或AIM-9"响尾蛇"空空导弹。1990年，英国皇家空军对"美洲虎"机翼挂架进行了修改，但法国"美洲虎"没有修改。英国皇家空军的"美洲虎"攻击机打算改装AIM-132先进近程空空导弹，装在翼上发射架上。因为削减经

英国皇家空军的"美洲虎"GR3，机翼挂架上装有AIM-9L空空导弹

费，最终没有完成。

"美洲虎"选择双发动机可以提高生存力，同时易于维护，发动机在30分钟内可以完成更换。法国"美洲虎"用原始 Mk 101 发动机。英国皇家空军"美洲虎"使用 Mk 102 发动机。Mk 102 的特点是油门控制更灵活。英国皇家空军最终将其"美洲虎"的发动机升级成 Mk 106，性能更加出色。

虽然在海湾战争中，"美洲虎"被证明在机械结构上比"狂风"更可靠，但是，它的航空电子设备是执行任务的障碍。由于"美洲虎"在导航和目标获取方面也有弱点，法国"美洲虎"由达索"幻影"F1CR侦察机配合作战，"幻影"F1CR 为"美洲虎"提供目标引导。12个"美洲虎"中队飞行了612架次，没有任何损失。

法国空军在1973年接收了第一架"美洲虎"，最终采购了160架单座"美洲虎"和40架双座"美洲虎"E教练机。虽然"美洲虎"能够携带1枚 AN-52 核弹，但法国政府没有把"美洲虎"作为法国的战略核威慑力量。这项任务一般是由达索"幻影"IV 和后来的"幻影"2000-N 来执行的。核武装的"美洲虎"的任务是为战略突击部队在敌人防线上打通一条道路，消灭敌方威胁，掩护部

英国皇家空军第41中队的"美洲虎"攻击机

队作战。AN-52核炸弹于1991年9月退役，原先的核武器中队改成常规攻击中队。法国"美洲虎"还可执行电子对抗任务，携带"马特尔"反辐射导弹，通过空中加油长时间留空以压制敌方防空系统。

20世纪70年代，法国的"美洲虎"经常被用来捍卫法国在非洲的国家利益，这种政策有时被称为"'美洲虎'外交"。"美洲虎"于1977年12月在毛里塔尼亚对波利萨里奥阵线作战，作为拉蒙特行动的一部分。1978年8月，法国成立了一个常规武装的快速反应中队，旨在支持法国部队在世界任何地方的利益。

法国多年来一直参与乍得冲突，1978年部署了2000人的地面干预部队，和"美洲虎"一起捍卫乍得中部，随后又有更多部队抵达。"美洲虎"于1978年5月和6月参与了阻止古库尼·韦戴部队的进攻，一架"美洲虎"被击落，但飞行员被直升机救回。

法国的"美洲虎"攻击机

为了支持该地区进一步的军事行动——"曼塔行动"，1983年，"美洲虎"被部署到中非共和国的首都班吉，然后在乍得恩贾梅纳国际机场执行作战任务。1984年，利比亚和法国签署协议，部队从乍得撤出。随后，利比亚撕毁协议，"美洲虎"于1986年返回乍得，发挥了更大的作用。1986年2月16日，11架"美洲虎"在"幻影"F1战斗机的护送下，在C-135F空中加油机和布雷盖Br.1150"大西洋"巡逻机的支援下，使用BAP-100反跑道炸弹炸毁了利比亚在北乍得修建的机场。为了应对利比亚的入侵，1987年1月7日，法国又发动了一次袭击，"美洲虎"用"马特尔"导弹摧毁了利比亚的雷达。利比亚试图破坏驻扎在恩贾梅纳的"美洲虎"基地，但未成功。

由于法国当时不是北约的正式成员，20世纪80年代，法国和英国进行了有限的"美洲虎"联合行动。法国的"美洲虎"被派往参加从1991年海湾战争到1999年科索沃冲突的几次联合行动。1995年北约"意志力"行动中，6个"美洲虎"中队从位于意大利的空军基地起飞，执行了63次轰炸波黑的打击任务。2005年，法国服役的"美洲虎"退役，地面攻击任务由达索"阵风"代替。

英国皇家空军第2中队的"美洲虎"GR1

1974年，英国皇家空军接收了165架单座"美洲虎"GR1和35架双座"美洲虎"T2教练机。英国的"美洲虎"机型具有更全面的导航/攻击系统。英国皇家空军的"美洲虎"用于快速部署和加强区域战术核打击，可携带WE

177核弹。

1975年4月，一架"美洲虎"通过从M55高速公路多次着陆和起飞，测试飞机从简易跑道起降的能力。试飞以全武器载荷进行。虽然该能力从未使用过，但被认为是有价值的，因为临时跑道可能是在大规模欧洲冲突中唯一可用的跑道。在高强度的欧洲战争中，"美洲虎"的作用是支持地面部队抵抗苏联对西欧的攻击，如果冲突升级，"美洲虎"还可攻击战场后方的目标。

1983年12月，75架"美洲虎"GR1和14架"美洲虎"T2被更新为GR1A和T2A，FIN1064导航和攻击系统替代了原来的NAVWASS。大约在同一时间，大多数"美洲虎"也重新装备了"阿杜尔"104发动机，并可携带"响尾蛇"空空导弹和AN/ALQ-101(V)-10电子对抗吊舱。

1991年，英国皇家空军12架"美洲虎"参加了海湾战争。1994年，为了增加携带激光制导炸弹的飞机数量，10架GR1A和2架T2A进行了升级，能够分别携带热成像机载激光指示器吊舱和激光制导炸弹，分别命名为"美洲虎"GR1B和"美洲虎"T2B。8月，"美洲虎"GR1B部署到意大利，参加针对波黑塞族部队的攻击行动，为英国皇家空军"鹞"式指示目标。在二战结束50年后的波黑行动中，英国皇家空军第41中队的"美洲虎"首次轰炸了欧洲大陆。

GR1B和T2B升级成功之后，英国皇家空军启动了一项计划，将所有的"美洲虎"进行升级。升级分为两部分：中期GR3升级增加了一个新的平显，一个新的手动控制器，集成GPS和地形匹配导航雷达；进一步升级的GR3A引入了热成像和新的EO GP1（JRP）数字侦察吊舱，头盔安装瞄准具，改进了驾驶舱显示器、数据链路和夜视镜，所有的GR3A都装备了新的"阿杜尔"106涡轮风扇发动机。

"美洲虎"没有参加2003年的伊拉克战争。英国曾计划从土耳其基地

出发前往伊拉克北部执行任务，但土耳其拒绝英国战机进入其领空，北部方向的攻击被取消。

英国财政部要求削减国防预算的要求，导致国防部开启"美洲虎"退役计划。"美洲虎"自2007年10月开始退役。2007年12月20日，"美洲虎"进行了最后一次飞行。

"美洲虎"共生产了543架。

"美洲虎"A数据

基础数据

* 乘员：1人

* 长度：16.83米

* 翼展：8.68米

* 高度：4.89米

* 机翼面积：24.18米²

* 长宽比：3.12∶1

* 空重：7000千克

* 装载重量：10 954千克

* 最大起飞重量：15 700千克

* 动力装置：2台劳斯莱斯/透博梅卡公司"阿杜尔"Mk102涡轮风扇发动机。正常推力，每台2320千

克；加力推力，每台3313千克

性能

* 最大飞行速度：1699千米/时（在11 000米高度）

* 作战半径：908千米（带副油箱）

* 航程：3524千米

* 升限：14 000米

* 爬升：9145米，1分30秒

武器

* 炮：2门30毫米"德发"航空炮或30毫米"阿登"航空炮

* 外挂点：5个（翼下4个，中心线1个），可携带4500千克弹药

* 火箭：8个马特拉火箭吊舱，每个18枚SNEB 68毫米火箭弹

* 导弹：

　AS-37"马特尔"反辐射导弹

　AS-30L激光制导空地导弹

　2枚R550"魔术"空空导弹

　2枚AIM-9"响尾蛇"空空导弹

* 炸弹：

　各种非制导或激光制导炸弹

　2枚WE177核弹

　1枚AN-52核弹

* 其他：

　电子对抗吊舱保护

　侦察吊舱

　ATLIS激光/光电瞄准吊舱

2.28 帕那维亚"狂风"

帕那维亚"狂风"（Panavia Tornado）是双发可变后掠翼多用途作战飞机，由意大利、英国和西德共同开发和制造。有三种不同的型号："狂风"IDS（拦截/打击）战斗轰炸机，"狂风"ECR（电子战斗/侦察）电子战飞机和"狂风"ADV（防空型）截击机。

帕那维亚飞机公司由英国宇航公司（原英国飞机公司）、西德的梅塞施密特·博尔科·布洛姆（MBB）和意大利宇航公司三国联盟组成。"狂风"由该公司制造，于1974年8月14日首飞，1979年至1980年投入使用。由于其基于多用途设计，它能够替代几个不同类型的飞机。沙特阿拉伯皇家空军成为"狂风"除了三个制造国家之外唯一的出口方。

三国"狂风"培训机构（TTTE）设在英国皇家空军的科蒂斯莫尔基地。三国培训和评估单位在生产阶段之后仍保持了一定的国际合作。

"狂风"曾在英国皇家空军、意大利空军、德国空军、沙特皇

挂载"硫磺石"、"宝石路"IV和激光制导吊舱的英国皇家空军第31中队的"狂风"GR4

家空军服役。1991年"狂风"参加了海湾战争，进行了多次低空突防攻击任务。"狂风"还参加过波斯尼亚战争、科索沃战争、伊拉克战争和利比亚内战。

20世纪60年代，航空设计师寻求可变几何翼设计，以获得机翼可控性、直翼高效巡航与后掠翼的速度。英国取消了TSR-2和随后的F-111K飞机的采购，寻找可以替代"火神"轰炸机和布莱克本"海盗"攻击机的后续机型。

1968年，西德、荷兰、比利时、意大利和加拿大组成了一个工作组，研究洛克希德F-104"星"式战斗机的替换机种，最初设想为多角色飞机（MRA），后来更名为多角色作战飞机（MRCA）。参与研发的国家都存在战斗机老化、需要更换的问题。英国于1968年加入了MRCA小组，由迈克尔·吉丁斯为代表。

到1968年底，来自6个国家的预期采购量达到1500架。但随后，加拿大认为该项目在政治上不合格，比利时认为参加MRCA无意义。加拿大和比利时就退出了该项目。

1969年3月26日，英国、西德、意大利和荷兰同意组成一个跨国公司——帕那维亚飞机公司，来开发和制造MRCA。该项目的目标是生产一架能够在战术攻击、侦察、防空和海上执行任务的飞机。在定义新飞机时，帕那维亚飞机公司研究了各种概念，包括替代固定翼和单发动机设计。1970年，荷兰皇家空军认为他们需要的仅是一种性能优异、操作简单的飞机，而MRCA过于复杂，技术性难度太高。随即，荷兰撤出该项目。1972年，西德将订购数量从最初的600架降低到324架。

协议最终确定后，英国和西德各占42.5%的工作量，其余15%归意大利。这种生产工作的分工受到国际政治谈判的严重影响。前机身和尾翼组件被分配给英国的BAC（现为BAE），西德的MBB（现在的EADS）生产中心机身，意大利的阿莱尼亚（现在的Alenia Aeronautica）生产机翼。同样，三国共同分担发动机、通用和航空设备的生产工作。1970年6月，三国成立了一个独立的发动机跨国公司，为飞机生产RB199发动机。

到1970年5月项目定义阶段结束时，概念被简化为两个设计：单座的帕那维亚100（西德最初首选）和双座的帕那维亚200（英国皇家空军首选，即日后的"狂风"）。方案很快就被确定为双座型。1971年9月，三国政府签署了一份意向书（ITP），飞机将利用苏联防御的漏洞，执行低空攻击任务。正是基于这一点，英国国防参谋长宣布，"三分之二的一线任务将由这种单一基本型飞机执行"。

1974年8月14日，第一架"狂风"原型机飞往德国。飞行员保罗·米利特表示："飞机的操控令人愉快……实际飞行非常顺利，我开始怀疑这是不是另一个模拟。"飞行测试后，飞机进行了微小的修改。通过对发动机进气口和机身进行改进，使气流扰动问题得到解决，改善了超声速下的浪涌和振动。测试还显示，与偏航阻尼器连接的前轮转向增强系统，可以抵消在着陆时打开反推力装置而产生的不稳定效应。

两架原型机在飞行中出现事故，主要是由于驾驶员操作失误，导致飞机与地面发生两次碰撞。第三架"狂风"原型机被俯仰振荡严重损坏。飞机设计者开始设计更复杂的稳定性增强系统和自动驾驶仪。后来，"狂风"和通用动力F-16"战隼"都利用了这些技术。飞行控制装置可以进行狂风三重模拟命令和稳定性增强系统（CSAS）的故障测试。可变后掠翼角度变化通常会影响机翼重心。机翼挂载武器、弹药后，飞机的稳定性问题更为复杂。

1976年7月29日，参与项目的三个国家与帕那维亚公司签订了第一批合同。英国、西德和意大利分别于1979年6月5日、1979年6月6日和1981年9月25日得到第一架"狂风"。1981年1月29日，三国"狂风"培训机构在英国皇家空军的科蒂斯莫尔基地正式开放，积极培训所有使用"狂风"战斗机的飞行员，一直到1999年3月31日。

由于受到出口客户的追捧，西德撤回了对飞机出口的禁令。沙特阿拉伯是"狂风"的唯一出口客户。阿曼也曾承诺购买"狂风"，总价值为2.5亿英镑，后因财政问题取消了订单。

20世纪70年代，澳大利亚考虑加入MRCA计划，寻找替代老化的达索"幻影"III的机种，但最终澳大利亚选择了麦道公司的F／A-18"大黄蜂"以满足替换要求。加拿大同样也在考虑了"狂风"之后选择了F/A-18。20世纪80年代，日本在选择三菱F-2之前也曾考虑过"狂风"。20世纪90年代，韩国表示有兴趣收购少量的"狂风"ECR飞机。

1998年，"狂风"结束生产。最后一批生产的飞机被送往沙特皇家空

军，沙特皇家空军总共接收了96架"狂风"IDS。

作为多用途飞机，"狂风"能够执行比预期的打击任务更多的任务，而单一角色的飞机正在被逐步淘汰。"狂风"可针对不同作战任务进行改装，例如"狂风"ECR。产量最多的"狂风"改进型是"狂风"ADV。ADV加长了机体，换装了新型雷达，可以挂载远程防空导弹。

"狂风"是一款多用途双发飞机，擅长低空渗透。冷战期间设想的任务是对东欧华沙条约国家的入侵部队进行常规和核武器攻击，这也决定了设计的几个显著特征：需要可变后掠翼，低空突防阻力最小；高级导航和飞行计算机，包括当时创新的线控飞行系统，大大地减少了飞行员在低级飞行和操作控制飞机的工作量；对于远程轰炸任务，"狂风"还有一个可伸缩的空中加油探头。

为了使"狂风"在低空超声速攻击方面表现良好，"狂风"必须具有良好的高速和低速飞行能力。为了实现高速性能，通常采用后掠翼或三角翼，但是这些翼型适应高速飞行，不适合低速飞行。为了以极高的效率进行高速和低速飞行转换，"狂风"采用了可变后掠翼。这种方法已经被早期的飞机采用，如美国通用动力的F-111战斗机，苏联米高扬的米格-23和米格-27战斗机。F-111与较小的"狂风"有很多相似之处。然而，"狂风"具有更先进的机载系统和航空电子设备。

机翼水平后掠角是机翼相对于机身的角度，可以在飞行员的控制下在飞行中进行改变。可变翼可以采用25°至67°之间的任何掠角，每个角度都具有相应的速度范围。"狂风"ADV配备了自动后掠翼系统，以减少飞行员的工作量。当机翼向后掠时，暴露的机翼面积减小，阻力显著下降，这有利于执行高速低空飞行。武器挂架的可变后掠翼的角度转动，使得挂载指向飞行方向，不影响飞行。

在开发过程中，各国对"狂风"的短距起飞和着陆（STOL）性能给予了了极大的关注。德国特别鼓励这一设计方案。对于较短的起飞和着陆距离，"狂风"可以将其翅膀向前后各掠到25°位置，并打开其全跨度襟翼和前缘缝翼，以允许飞机以较低的速度飞行。这些特点结合推力反向器配备的发动机，给予"狂风"优秀的低速处理和着陆特性。

"狂风"设有一个双人座驾驶舱，由飞行员和导航员/武器操作员组成。机电和光电控制都用于操作飞机和管理其系统。一系列刻度盘和开关安装在中央放置的CRT监视器的两侧，控制导航、通信和火控计算机。BAE系统公司开发了"狂风"高级雷达显示信息系统（TARDIS），一个32.5厘米的多功能显示屏，以取代后驾驶舱的组合雷达和投影地图显示器。2004年，英国皇家空军开始在GR4上安装TARDIS。

"狂风"的主要飞行控制是一个飞行线控混合，由连接到数字自动驾驶仪和飞行指挥系统（AFDS）的模拟四重指令与稳定性增强系统（CSAS）组成。机械回复能力被保留，以防止潜在的飞行故障。由于"狂风"的可变翼使飞机能够大幅改变其飞行包线，人工反应自动调整以适应机翼轮廓变化和飞行姿态的变化。携带弹药和吊舱后，飞机的飞行动力学变化通常由飞行稳定系统进行补偿。

不同型号的"狂风"携带不同的航空电子设备。

"狂风"对地攻击型采用导航/攻击多普勒雷达，同时扫描目标，并进行完全自动化的地形跟踪低空飞行操作。能够进行全天候的低空飞行被认为是"狂风"的核心优势之一。

"狂风"ADV拥有一个独特的雷达系统，它采用AI.24"猎狐者"雷达，专门用于防空作战。它能够连续跟踪多达20个目标，范围可达160千米。"狂风"是较早安装数字数据总线进行数据传输的飞机。

"狂风"F3装有新型的战术数据链，可与附近的友机交换雷达信息与其他信息。

"狂风"ECR专门用于对敌防空压制。"狂风"ECR装备有发射源定位系统（ELS），可检测雷达信号源的使用。德国的"狂风"ECR有一个用于侦察飞行的霍尼韦尔红外成像系统。英国皇家空军和沙特皇家空军的"狂风"拥有用于瞄准激光制导弹药的激光测距仪和激光指示器。1991年，英国皇家空军推出了TIALD热成像机载激光指示器，允许"狂风"使用激光制导武器。

"狂风"GR1A和"狂风"GR4A分别搭载TIRRS（红外侦察系统），由SLIR（侧视红外线）传感器来捕捉倾斜图像。一个单独的IRLS（红外遥控线扫描）传感器安装在机身的下侧。TIRRS在6个S-VHS录像带上记录图像。后来，更加先进的机载侦察系统（RAPTOR）替代了内置的红外侦察系统。

"狂风"可以携带北约库存中的大多数空中发射武器，包括各种常规和激光制导炸弹、反舰和反辐射导弹，以及专门武器（如杀伤人员地雷和反跑道弹药）。为了提高战斗中的生存能力，"狂风"配备了完善的电子对抗系统。挂载在机翼下的电子对抗舱里，可以安装红外诱饵和箔条发射器。空中加油系统允许"狂风"进行空中加油。

"狂风"服役以来的几十年里，采取了各种升级和改造计划，以便使用最新的武器系统。"狂风"已经使用了增强型的"宝石路"和联合制导攻击武器，以及现代巡航导弹，如"金牛座"和"风暴阴影"导弹。这些升级增加了"狂风"的作战能力。

"狂风"对地攻击型使用AIM-9"响尾蛇"和AIM-132先进近程空空导弹，空对空能力有限。"狂风"ADV配备超视距远程空空导弹，如"天空闪光"和AIM-120先进中程空空导弹。

"狂风"装备有2门27毫米毛瑟BK-27转膛炮，安装在机身下方。"狂风"ADV只有1门航空炮。当英国皇家空军的"狂风"GR1转化为"狂风"GR4后，FLIR传感器取代了左边的航空炮，只留下右边一个航空炮。"狂风"GR1A侦察型号采用横向红外线传感器，取代了2门航空炮。毛瑟BK-27是专门为"狂风"开发的，但已经被其他欧洲战斗机使用，如达索/多尼尔"阿尔法"喷气教练机、萨博JAS 39"鹰狮"战斗机和欧洲联合的"台风"战斗机。

各国对"狂风"进行的寿命延长和升级计划，是为保证他们各自的"狂风"中队在可预见的未来，能够继续保持在一线飞行。英国皇家空军和沙特皇家空军已经将他们的"狂风"升级为GR4标准，以提高战斗力，而德国的"狂风"已经在多级ASSTA1（"狂风"航空电子系统软件）程序中进行定期升级。随着这些升级，"狂风"目前仍在服役，预计将服役至2025年——第一架原型机首飞50多年后。

"狂风"能够携带核武器。1979年，英国考虑用"三叉戟"潜艇或"狂风"作为核威慑的主要力量来取代"北极星"潜艇。英国皇家空军驻德国的"狂风"中队被分配到欧洲盟军最高司令部（SACEUR），可以携带WE177核弹，以阻止苏联庞大的常规武器和核武器进攻。WE177核弹于1998年退役。

德国和意大利的"狂风"也能携带核弹，但因没有技术储备，只能使用美国通过北约提供的B61核炸弹。

英国考虑选择劳斯莱斯开发MRCA先进发动机，并且强烈反对采用美国制造商的发动机，直到1969年9月，劳斯莱斯的RB199发动机被选中。

该计划由于劳斯莱斯在1971年进入接管期而被推迟。多国合作进程的性质有助于避免"狂风"方案被破坏。对协和超声速客机的研究促进了RB199和发动机控制单元的开发与设计。

为了提供"狂风"所需的性能，RB199具有多种特性。为了在高达2马赫的速度下有效运行，RB199使用可变进气坡道，以控制空气进气量。

液压系统通过来自两个或任一个操作发动机的虹吸功率加压。液压系统完全包含在机身内，而不是与发动机集成，以提高安全性和可维护性。在双发动机或双发电机故障的情况下，"狂风"有一个一次性电池，能够使燃油泵和液压系统保持工作长达13分钟。

RB199装有战斗机中相对罕见的推力反向器，它可以减少安全降落所需的距离。为了在着陆期间完全展开推力反向器，偏航阻尼器连接到前轮上，控制前轮的转向，以提供更大的稳定性。

1974年8月，第一架装有RB199的"狂风"原型机试飞。1978年年底，发动机完成了资格测试。最终生产的标准发动机能够满足可靠性和性能标准，但开发成本高于预期。"狂风"服役时，发动机的涡轮叶片的寿命比预期的要短，这通过早期实施的设计修订来进行纠正。大多数"狂风"ADV和德国的"狂风"ECR使用了升级的发动机。DECU（数字发动机控制单元）成为RB199发动机的控制单元，取代模拟MECU（主发动机控制单元，也称为CUE）。

为了减小低空飞行时飞行员的操作强度，英国皇家空军的"狂风"GR1进行了改装，升级成为"狂风"GR4。

"狂风"GR4的升级包括：前视红外，广角HUD，改进的驾驶舱显示器，NVG（夜视设备）功能，新的航空电子设备和全球定位系统接收器。升级缓解了并行购买的新武器和传感器的整合，包括"风暴阴影"巡航导弹、"硫磺石"反坦克导弹、"宝石路"III激光制导炸弹和RAPTOR侦察吊舱。

1997年4月4日，"狂风"GR4进行了首次飞行。1997年10月31日，英国皇家空军接收了第一架"狂风"GR4。

从2000年开始，德国"狂风"IDS和"狂风"ECR进行了ASSTA1升级。ASSTA1需要更换为一个新的火控计算机，使用新的GPS和激光惯性导航系统。新的火控计算机允许整合"哈姆"III、"哈姆"Block IV/V反辐射导弹、"金牛座"KEPD 350导弹、拉斐尔"蓝盾"II激光指示器和使用GBU-24"宝石路"III激光制导炸弹。

ASSTA2升级从2005年开始，主要包括更换数字航空电子系统，使用新的ECM套件和"金牛座"巡航导弹。这些升级适用于85架"狂风"（20架"狂风"ECR和65架"狂风"IDS）。此时，"狂风"战斗机正在被"台风"战斗机逐步取代。

ASSTA3升级从2008年开始，对激光瞄准的联合制导攻击武器及软件进行了升级。

2005年，沙特皇家空军对自己的"狂风"IDS进行了一系列升级，使其等同于英国皇家空军"狂风"GR4的配置。2007年12月21日，BAE系统公司与沙特政府签署了一份价值2.1亿英镑的合同，对"狂风"GR4/4A分两个阶段进行改进：第一阶段对集成"宝石路"IV激光炸弹和通信系统进行升级，第二阶段更新战术数据链路。

据悉，德国的"狂风"于2016年1月进行了ASSTA3.1升级，其中包括彩色多功能LCD屏幕代替单色CRT显示器。

2013年12月，BAE系统公司宣布，该公司测试飞行的"狂风"配备了用3D打印设备制造的部件。部件包括无线电保护罩、起落架护罩和进气门支撑支柱。测试证明，"狂风"可以在空军基地快速和便宜地制造出需要更换的部件。该公司声称，由于3D打印已经节省了超过30万英镑，到2017年，将进一步节省超过120万英镑的潜在成本。

"狂风"GR1

英国皇家空军的"狂风"IDS最初被命名为"狂风"GR1，后期修改型被称为"狂风"GR1A、"狂风"GR1B、"狂风"GR4和"狂风"GR4A。第一架"狂风"GR1于1979年6月5日交付，20世纪80年代初投入使用。"狂风"GR1共生产了228架。1997年至2003年共有142架"狂

英国皇家空军的"狂风"GR1

英国皇家空军的"狂风"GR1B,机腹下挂有"海鹰"反舰导弹

双机编队飞行的"狂风"GR4,机腹下面挂有新型的"硫磺石"导弹

风"从 GR1 升级到"狂风"GR4。

"狂风"GR1B

"狂风"GR1B 是 GR1 的反舰型,共改装了 26 架,在英国皇家空军取代了布莱克本"海盗"。每架"狂风"GR1B携带多达4枚"海鹰"反舰导弹。起初,"狂风"GR1B缺乏水面跟踪雷达,依赖导弹的导引头捕获目标,随后的更新允许目标数据从飞机馈送到导弹。

"狂风"GR4

1984年,英国国防部开始研究"狂风"GR1增加寿命更新。根据"狂风"GR1 在 1991年海湾战争中所获得的经

验教训，1994年批准实施了
"狂风"GR4标准，目的是
提高"狂风"的中高空作战
能力。

"狂风" GR1A / GR4A

"狂风"GR1A是英国皇
家空军和沙特皇家空军使用
的侦察型号，装有TIRRS，取代了航空炮。英
国皇家空军订购了30架"狂风"GR1A（改装
14架"狂风"GR1和新生产16架）。随后，
"狂风"GR1升级成为"狂风"GR4，"狂风"
GR1A升级成为"狂风"GR4A。执行任务时的
高度从低空转换到中/高空，内部TIRRS不再
使用。

"狂风" ECR

"狂风"ECR机型在德国和意大利服役，
专门用于对敌防空压制。1990年5月21日首次
交付。"狂风"ECR具有探测雷达信号源的传
感器，装备有AGM-88"哈
姆"反辐射导弹。德国空军
的35架"狂风"ECR是新
生产的，而意大利的16架
"狂风"ECR则由"狂风"
IDS改装而来。意大利的
"狂风"ECR与德国空军的

英国皇家空军的"狂风"
GR4A侦察型。侦察设备装
在机腹下的吊舱里

4架德国空军的"狂风"
ECR在编队飞行。其中一架
还有"北约老虎会"的涂装

不同，缺乏内置的侦察组件和战术侦察吊舱。德国空军的"狂风"ECR装备RB199 Mk105发动机，发动机的推力略高，但德国空军的"狂风"ECR不带航空炮。

"狂风"ADV

"狂风"ADV（防空型）是一架长航程的截击机，用于抵御冷战时期轰炸机的威胁。虽然"狂风"ADV与"龙卷风"IDS 80%的零件都通用，但"狂风"

飞行中的"狂风"ADV。机翼和机腹下面挂有近程和中程空空导弹

ADV具有更大的加速度，改进的RB199 Mk104发动机加长了机体，加大了燃油容量，同时具有AI.24"猎狐者"雷达和软件更新。它只有一个航空炮，以增加一个可伸缩的机内空中加油探头。

包括所有的变种机型，"狂风"共生产了992架。

"狂风"GR4数据

基础数据

* 乘员：2人

* 长度：16.72米

* 翼展：13.91米（25°后掠角），8.60米（67°后掠角）

* 高度：5.95米

* 机翼面积：26.6米^2

* 空重：13 890千克

* 装载重量：20 240千克

* 最大起飞重量：28 000千克

* 动力装置：2台RB199-34R Mk 103加力涡扇发动机。正常推力，每台4468千克；加力推力，每台7834千克

性能

* 最大飞行速度：2400千米/时（在9000米高度），1482千米/时（海平面）

* 航程：1390千米（典型作战任务）

* 转场航程：3890千米（4个外部副油箱）

* 升限：15 240米

* 爬升率：76.7米/秒

* 推力/重量：0.77

武器

* 航空炮：1门27毫米毛瑟BK-27转膛炮

* 外挂点：4个轻型挂架和3个重型挂架（机身下），4个挂架（旋转翼下）。可以携带9000千克的弹药。两个内部机翼挂架有2个ASRAAM发射导轨

* 导弹：

AIM-9"响尾蛇"和AIM-132先进近程空空导弹

6枚AGM-65"小牛"导弹

12枚"硫磺石"导弹

2枚"风暴阴影"导弹

9枚ALARM反辐射导弹

*炸弹：

5枚227千克"宝石路"IV

3枚454千克英国Mk 20"宝石路"II/增强型"宝石路"II

2枚907千克"宝石路"III（GBU-24）/增强型"宝石路"III（EGBU-24）

BL755集束炸弹

2枚JP233或MW-1弹药撒布器（反跑道）

4枚B61或WE177战术核武器

航空电子设备

* RAPTOR空中侦察吊舱

* 拉斐尔LITENING瞄准吊舱

* TIALD激光指示器吊舱

* BAE系统公司电子对抗吊舱

飞行中的"狂风"，可以清楚地看到挂架的数量

第3章 凤凰涅槃——中国历程

1946年3月1日，中国人民解放军第一所航空学校——东北民主联军航空学校，在吉林通化成立。这就是中国共产党、我军历史上的第一所航空学校，习称东北老航校。按航校成立的日期，代号为"三一部队"，常乾坤任校长，王弼任政委。国民党为了把我军新成立的航校虐杀在摇篮中，不断派飞机跟踪轰炸。在硝烟滚滚的战争环境中，学校先后辗转牡丹江、东安（今黑龙江密山）、长春等地。在短短的3年零9个月里，东北老航校在训练场地不断转移的背景下，培养出了100多名飞行员和400多名各类航空技术人员，为人民空军的后续发展和壮大，孕育了第一批优良种子。我空军王牌飞行员王海、刘玉堤、张积慧等一大批举世闻名的空军战斗英雄就是从这里起飞，在人民空军的战史上写下了光辉的一页。因而东北老航校被誉为共和国航空事业的摇篮，为人民空军和新中国航空事业的发展建立了不朽的功绩，成为中国航空事业发展史上的一座丰碑。

3.1 中共中央创建空军的决策

1949年1月8日，中共中央政治局在《目前形势和党在一九四九年的任务》的指示中最早提出建立空军的任务。这个党内指示提出：1949年及1950年，争取组成一支能够使用的空军。并且认为，这种可能性是存在的。当时东北老航校已经集结和培养了一大批空、地勤人员和其他技术人才，而且在已经解放的广大地区内接管了不少机场，缴获了一批飞机和航空器材，具备了建立空军的主客观条件。

1949年3月8日，中国共产党七届二中全会期间，毛泽东、刘少奇、周恩来、朱德、任弼时、陈云、彭德怀、董必武、林伯渠、贺龙、陈毅、邓小平等领导人，特地召见东北老航校校长常乾坤和政委王弼听取汇报，了解航校培养航空技术人才的情况。常乾坤、王弼在汇报中，还畅谈了对未来航空事业发展的设想。对于常乾坤、王弼的汇报和建议，中国共产党的领导者们十分满意。他们在了解情况的基础上，酝酿着创建人民空军的步骤和蓝图。

1949年7月10日，毛泽东主席写信给周恩来，提出建立人民空军问题。毛泽东在信中说："我空军在短期内（例如一年）压倒敌人空军是不可能的，但是可考虑选派三四百人去远方（苏联）学习六个月至八个月，同时购买飞机一百架左右，连同现有的空军，组成一个攻击部队。"周恩来随即着手进行组建空军的各项实际工作。

1949年7月26日，中央军委在给第四野战军的电报中进一步提出，现在必须以建立空军为当前首要任务，此种条件已渐渐成熟，准备一年左右可以用于作战。

1949年9月21日召开的中国人民政治协商会议第一届全体会议上，毛泽东在题为《中国人民站起来了》的开幕词中说："在英勇的经过了考验的人民解放军的基础上，我们的人民武装力量必须保存和发展起来，我们将不但有一个强大的陆军，而且有一个强大的空军和一个强大的海军。"

至此，中共中央关于建立空军的决策已经十分明确，并且有计划地一步一步地付诸实施。

3.2 组建军委航空局

1949年3月17日，中央军委根据当时形势、任务的需要，及常乾坤、王弼的建议，决定从东北老航校抽调一批人员，组成军委航空局，负责统一领导中国人民的航空事业。3月30日，在北平（今北京）成立军委航空局，中央军委任命常乾坤任军委航空局局长，王弼为政治委员，统一领导全国的航空工作，组织接管缴获的航空器材，修复机场，收容、教育改造国民党空军航空技术人员，为建立人民空军创造条件。到1949年10月底，共接收国民党空军飞机113架，航空发动机1278台，各种航空物资器材4万余吨；接管飞机修理厂、航空配件厂、飞机装配厂、氧气厂、通信器材厂等32个；收容航空技术人员2267人。使得人民空军在初建时拥有的航空技术人员增加到2938人，飞机增加到159架。

Ki-45战斗机

Ki-46战斗机

为了支援前方作战和恢复解放区的生产，军委航空局积极组织各地修复机场，迅速开辟空中运输线。到1949年10月底，共修复机场40个，先后开通4条航线，分别是：北京—长春—哈尔滨—齐齐哈尔—苏联赤塔；北京—太原—西安—兰州—乌鲁木齐；北京—石家庄—开封—武汉；北京—济南—徐州—南京—上海。

3.3 成立空军司令部

为了全面领导空军建设的各项工作，1949年6月至7月，中央军委决定设立中国人民解放军空军司令部。

关于空军司令员的人选，中央军委确定由第四野战军第14兵团司令员刘亚楼担任。1949年7月11日，中央军委召见刘亚楼，向他谈了建立空军的设想，并责成他提出空军主要领导干部人选和领率机关组成的方案。刘亚楼在征求各方面意见后，向中央军委提出了报告。拟议中的空军领率机关由第四野战军第14兵团机关加上军委航空局的人员组成。

第四野战军第14兵团机关2515人，由参谋长何廷一、组织部长王平水率领，于8月19日由武汉抵达北平，10月下旬与军委航空局合署办公。1949年10月25日，中央军委正式任命刘亚楼为空军司令员，萧华为空军政治委员兼政治部主任，王秉璋为空军参谋长。11月11日，中央军委又任命常乾坤为空军副司令员，王弼为空军副政治委员。中国人民解放军空军司令部在北京成立，原军委航空局撤销，其人员及业务移交空军司令部。空军领率机关先后设参谋部(司令部)、训练部、政治部、工程部、后勤部、干部部和空军直属政治部等部门。

3.4 组建第一个担负作战任务的飞行中队

军委航空局经过研究，向中央军委建议调集10名左右的飞行员，装备相应数量的战斗机，组建一个飞行中队，担负北平地区的防空任务。中央军委批准了这个建议。军委航空局于7月底、8月初召开航空工作会议，研究飞行中队的具体编组和建立问题。会议确定，组建的飞行中队为混合飞行中队，下辖2个战斗机分队、1个轰炸机分队、1个地勤分队。

1949年8月15日，飞行中队在北平南苑老机场正式组成，这是中国人民解放军的第一个担负作战任务的飞行中队。飞行中队最初装备10架飞机，其中P-51"野马"战斗机6架，"蚊"式轰炸机2架，PT-19教练机2架。后来又增调作战飞机19架，其中P-51战斗机17架，"蚊"式和B-25轰炸机各1架。飞行中队又增编第4运输机分队，装备C-46和C-47运输机3架。这时，飞行中队除防空作战外，还担负航空侦察、空中护航、空运、救灾、陆空合练等任务。

"蚊"式轰炸机

P-51"野马"战斗机

B-25轰炸机

1949年10月1日开国大典，17架飞机参加受阅。按照机种不同，17架飞机组成6个空中分队。最前面的是9架P-51"野马"战斗机，飞行速度快，按照预定方案，绕了一圈，衔接在第6分队后面，第二次通过天安门。所以，通过天安门的飞机为26架。这其中还有4架P-51，为防止国民党的破坏，实弹参加检阅，这也是不多见的。

3.5 组建航校

1949年10月30日和11月1日，创办6所航空学校的方案先后经中央军委和毛泽东主席审查批准。这6所航校分别是：第1轰炸机航校在哈尔滨，第2轰炸机航校在长春，第1歼击机航校在锦州，第2歼击机航校在沈阳，第3歼击机航校在济南，第4歼击机航校在北京。此外，鉴于东北老航校尚有一批日籍航空技术人员以及飞机、器材，中央军委11月18日批准，在牡丹江再建立一所运输机航校。中央军委1949年12月20日正式颁布命令，将上述航校依次命名为中国人民解放军第1到第7航空学校。第1航校校长为刘善本，政治委员姚克祐；第2航校校长为刘风，政治委员李世安；第3航校校长为陈熙，政治委员王学武；第4航校校长为吕黎平，政治委员李应发；第5航校校长为方子翼，政治委员王绍渊；第6航校校长为安志敏，政治委员张百春；第7航校校长为魏坚，政治委员罗野岗。

各航校于1950年1月、2月相继进入飞行训练。歼击机航校使用雅克-18初级教练机、雅克-11中级教练机、乌拉-9战斗教练机和拉-9战斗机；轰炸机航校使用雅克-18初级教练机、乌特伯-2轰炸教练机、乌图-2轰炸教练机和图-2轰炸机；运输机航校则继续使用日制教练机。

3.6 筹备组建航空兵部队

1950年4月1日，空军向中央军委提出报告，建议从陆军抽调现成的师、团领导机构，组成空军的师、团领导机构。报告称：各航校第1空、地勤学员毕业后，可编成7个歼击机团、4个轰炸机团、1个相当于团的侦察机大队、3个运输团，总共要编成15个航空兵团，组建6至7个航空兵师。对于空军航空兵部队编制，开始计划40架飞机为1个团。后来考虑到空军初建缺乏经验，这样编制不便于领导，遂改为轰炸机以30架为一个团，歼击机以30架为一个团，这样比原计划多出6个团。陆军也选调了7个师部，21个团部，参与航空兵部队的组建。从1950年到1951年，陆军部队先后调给空军成建制的师部有12个，团部有49个。

1950年1月，空军司令员刘亚楼参加中国党政代表团在莫斯科同苏联政府谈判时，根据毛泽东主席的指示，拟制了组建航空兵部队的初步计划，向苏联政府订购各型飞机586架，其中拉-9歼击机280架，图-2轰炸机198架，教练机和通信机108架。后来因上海地区遭到国民党空军轰炸，中国政府请苏联政府派空军部队协助保卫上海地区安全。苏联巴基斯基中将率部于1950年2月至3月到过上海、南京、徐州等地担负防空任务。10月，巴基斯基中将所部调回苏联。其装备经两国政府商定作价卖给中国。中国空军遂于10月中旬接收驻上海、南京等地苏联空军部队的武器装备——各型飞机119架，其中米格-15喷气式歼击机38架，拉-11活塞式歼击机39架，图-2轰炸机9架，伊尔-10强击机25架，教练机8架。这些飞机装备了中国空军第一批组建的部队。

1950年10月至12月，苏联空军13个航空兵师，其中9个米格-15、米格-9喷气式歼击机师，1个拉-9歼击机师，2个伊尔-10强击机师，1个图-2轰炸机师，分别到达中国东北、华北、华东、中南等地区。这些苏联空军部队除协助担负上述地区的防空任务外，还帮助中国空军部队进行训练。后来，中国空军有偿地接收了其中12个师的装备。

米格-9喷气式歼击机

3.7 组建第一支航空兵部队

1950年6月19日，空军第四混成旅在南京正式成立，8月8日移驻上海。华东军区空军司令员聂凤智兼任旅长，第2航校政治委员李世安任旅政治委员，王志增、刘善本任副旅长，王香雄为参谋长，谢锡玉任政治部主任。旅部机关由第三野战军第9兵团第30军第90师师部改编组成，下设司令部、政治部、航空工程处和供应处，共308人。

第四混成旅所属4个团中的第10团于1950年6月9日在徐州成立，团长夏伯勋，政治委员王学武。其团部以步兵第116师第348团团部为基础组成，下辖第28、第29、第30大队和1个直属中队。该团7月初接收第3、第5、第6航校速成班毕业学员30名，7月25日，由徐州转到上海龙华机场，后又移驻上海大场、虹桥机场，在苏联顾问的帮助下改装米格-15喷气式歼击机进行训练。当时没有同型教练机，只有用乌雅克-17喷气式教练机代替。第四混成旅第10团是人民空军第一个装备喷气式歼击机的战斗团。

第四混成旅第11团于1950年6月23日在南京成立，团长方子翼，政治委员张百春。其团部以华东军区南京警备第102师第306团团部和第304团部分人员为基础组成，下辖第31、第32、第33大队和1个直属中队。该团于7月初接收第3、第4航校速成班毕业学员30名，7月29日移驻上海江湾机场，接收苏联空军部队的拉-11活塞歼击机。

第四混成旅第12团于1950年6月23日在南京成立，代理团长刘忠惠，政治委员黄文。其团部以华东军区上海警备第100师第299团团部为基础组成，下辖第34、第35大队和1个直属中队，10月6日又增编第36大队。该团于7月初接收第1、第2航校速成班毕业学员，装备图-2轰炸机，7月中旬开始飞行训练。这个团是人民空军的第一支轰炸机部队。

第四混成旅第13团于1950年8月1日在徐州成立，团长当时空缺，政治委员葛振岳。其团部以华北军区步兵独立第206师第616团团部为基础组成，下辖第37、第38、第39大队。该团8月初接收第1、第3航校一期甲班提前毕业的学员35名，装备伊尔-10强击机，8月16日开始飞行训练。这个团是人民空军的第一支强击机部队。

空军在抗美援朝、解放沿海岛屿、支援地面部队剿匪、国土防空、出国支援等作战中，英勇善战，取得出色战绩，共击落敌机1017架、击伤634架；在参加和支援国家社会主义建设等任务中做出重要贡献。涌现出许多先进集体和战斗英雄、模范、功臣。杰出代表有："航空兵英雄中队"，地空导弹"英雄营"，"飞行安全红旗师"，"红色前哨雷达站"，"模范气象导航站"，"甘巴拉英雄雷达站"，志愿军空军"一级战斗英雄"、特等功臣赵宝桐、王海、孙生禄、张积慧、刘玉堤，"空军战斗英雄"岳振华，"科研试飞英雄"滑俊、王昂，"试飞英雄"黄炳新、李中华，"学习雷锋的光荣标兵"朱伯儒，"抗洪英雄"高建成，"勇于牺牲奉献的好战士"黄勇等。

3.8 轰炸大和岛

　　1951年下半年，我志愿军和朝鲜人民军把美国侵略者打退到"三八线"附近，双方转入战略相持阶段。这时，志愿军空军决定让部队抓紧时机参战。不久，志愿军空军即受命开赴一线机场，实施陆空协同作战，最终收复大、小和岛及附近其他岛屿。1951年11月1日，志愿军空军首长向参战部队下达作战命令。2日，志愿军空军两次执行航空照相侦察任务。5日，地面部队攻占了椴岛。为了巩固登陆战果，6日下午，空军第8师22团2大队9架图-2轰炸机，由大队长韩明阳率领，在拉-11活塞式歼击机部队的护航下，从沈阳某机场起飞对大和岛进行轰炸。由于行动突然，各机种配合默契，轰炸机把全部炸弹投向大和岛上的目标，命中率达90%。

驾驶拉-11战斗机击落美军F-86的飞行员王天保

参加轰炸任务的志愿军空军机组成员

3.9 解放一江山岛

一江山岛战役是中国人民解放军对国民党军据守的浙江省一江山岛进行的陆海空联合渡海登陆作战。

参加这次作战任务的空军部队有1个轰炸机师、1个强击机师、3个歼击机师、2个独立侦察团。另外还有海军航空兵3个师的部分兵力参战。参战各型战机近200架。

1954年11月1日至11月4日，在夺取大陈地区制空权的过程中，解放军空军和海军航空兵先后出动轰炸机112架次，连续猛烈轰炸大陈岛和一江山岛，投弹1154枚。同时，解放军歼击机也轮番起飞在大陈地区上空进行掩护，使蒋军空军不敢出动到大陈地区迎击。解放军海军航空兵同时也对蒋军海上目标进行轰炸。但由于缺乏经验，未能炸沉蒋军军舰，但迫使蒋军海军白天不敢在大陈地区停泊，只敢在夜间活动。

1954年11月1日，我空军轰炸机、强击机和海军航空兵混合机群41架，开始了一江山岛战役战术准备阶段的攻击。空11师副大队长王玉峰率领6架伊尔-10强击机，率先对大陈岛上敌高炮阵地和雷达站等防空系统进行猛烈突击。紧接着，空20师副师长张伟良率9架图-2轰炸机，分别对大陈岛、一江山岛的敌重要军事目标和大陈港湾的锚地敌舰实施猛烈轰炸。

11月2日至12月21日，我空军又连续7次出动轰炸机、强击机小机群轰炸一江山岛、渔山岛、披山岛和大陈岛附近的敌舰。

1954年12月21日至1955年1月10日，我空军出动轰炸机、强击机、歼击机，5次轰炸大陈岛，并在1月10日炸沉蒋军坦克登陆舰"中权"号，并炸伤4艘舰只。

1955年1月10日，浙东沿海风速达17米／秒。空军前线指挥所判断国民党舰艇只能停泊在大陈港内，不会出海。空军前指司令员聂凤智决定抓住战机，袭击大陈港。

空军第20师副师长张伟良率3个大队的28架图-2轰炸机出击，在大陈港"三号锚地"发现敌"中权"号坦克登陆舰，在"五号锚地"发现"太和"号护航驱逐舰和部分小艇。张伟良命3大队轰炸"太和"号护航驱逐舰，自己率1大队和2大队突击"中权"号坦克登陆舰。张伟良机组首先命中"中权"号舰艏，宋宗周机组随后击中其右舷，"中权"号很快在烈火中沉没。

当日6时38分，空军第11师第31团出动第一批伊尔-10强击机对隐蔽在大陈港湾里的军舰实施了攻击。10点23分空11师第二批12架伊尔-10强击机编队再次扑向大陈港。飞行员刘建汉驾驶伊尔-10投下4颗100千克炸弹，其中3颗命中"衡山"号修理舰，将其重创。

与此同时，副团长宁福奎率3大队将"太和"号护航驱逐舰击伤。此战，击沉、击伤"中权"号坦克登陆舰、"衡山"号修理舰、"太和"号护航驱逐舰等5艘。在我国空军的打击下，大陈岛、一江山岛之敌龟缩在永备工事里，迫使国民党军舰此后不敢轻易在大陈岛海域活动，中国人民解放军掌握了战区制空、制海权，为一江山岛战役的胜利创造了条件。

战后，刘建汉、张伟良、宋宗周被空军授予二级战斗英雄称号。

战前为了解决三军协同登陆作战的问题，张爱萍专门召开会议，制订了《三军协同计划表》，对陆、海、空战斗人员每时每刻、每个行动都进行了严格区分与规定。

登陆作战前，空军前指明确了作战目标：集中使用轰炸、强击兵主力，在攻岛部队登陆前实施两次航空火力突击，主要突击岛上威胁登陆部队的炮兵阵地、火力点和指挥通信枢纽；以部分兵力轰炸大陈岛的远程炮兵阵地；在登陆作战中，以强击航空兵进行直接火力支援；在战斗准备和实施的全过程中，以歼击航空兵梯次出动，在战区上空巡逻，随时截击敌机。

1955年1月18日，浙东海区是难得的好天气。

凌晨4时许，空军出动第一批歼击机掩护登陆部队集结。

7时40分，在8架拉-11的护航下，空20师副师长张伟良率领27架图-2轰炸机，对一江山岛实施预先航空火力准备。

8时整，随着张伟良一声令下，127吨炸弹投向了一江山岛及周围海面，揭开了渡海登陆的战幕。刹那间，一江山岛上对登陆部队威胁最大的160高地上的敌军地堡、掩蔽所、炮兵阵地和高炮阵地化为一片废墟。与此同时，浙东空指还派出轰炸机和强击机各1个大队，突击轰炸大陈岛守军的指挥所和远程炮兵阵地，使敌军通信联络中断，指挥失灵，一江山岛上的国民党守军完全被孤立起来。

中午12时15分，我登陆部队5000人分乘70余艘登陆艇和40多艘作战舰艇，在我空军歼击机和海军舰艇掩护下向一江山岛前进。

下午14时，空军出动3个大队的27架图-2轰炸机，对一江山岛核心工事和指挥机构进行第二次火力突击，摧毁了一江山地区敌司令部的全部营房和通信设施，使全岛指挥陷入瘫痪。同时还对正在向航渡船队炮击的大陈岛榴弹炮阵地实施了有效压制，并炸毁了其雷达阵地。

14时33分，登陆部队第一梯队上陆，岛上蒋军残存的火炮和机枪火力点开始疯狂压制登陆部队。一时间，登陆部队前进受阻。在这紧急关头，空军强击航空兵出动伊尔-10强击机2个团，压制岛上蒋军火力点，对登陆部队实施直接航空火力支援。

飞行员们根据空中观察到的情况，主动支援登陆部队的进攻。当登陆部队遭到火力阻击时，强击机就从空中直接压制蒋军火力。强击机每俯冲攻击一次，步兵就冲锋一次。强击航空兵按计划对一江山岛实施了3次低空打击。

空11师大队长倪金升向离部队仅40米远的目标，沉着大胆地连射4炮，发发命中。大队长刘栋率领的两个大队负责掩护登陆部队突破，对敌军阵地进行了5次俯冲，击毁了敌化学武器迫击炮、20毫米双管高射炮和多门山炮，成功压制了敌人的火力。

在弹药用尽、油料刚够返航用的情况下，他们又接到再次突击的命令。为了战斗胜利，他们奋不顾身地超低空俯冲，有的强击机飞得比190和203高地还低。

伊尔-10强击机低空呼啸而过发出的巨大轰鸣声，对敌产生了巨大的心理威慑，把蒋军吓得丧魂落魄，纷纷躲藏起来。登陆部队趁机突破敌火力封锁。此战创造了空中飞机俯冲、地面步兵冲锋的成功范例。最后，我强击机返航时，有两架飞机因为燃料耗尽，只能以滑翔着陆。战斗结束后，陆军将士都说："航空兵不仅在火力上，还在精神上起了有力的支援作用！"在我空军强大支援下，战役行动按预定计划顺利进行。

17时30分，我将士歼敌519人，俘虏567人，终于把五星红旗插到一江山岛。

在1月18日的战斗中，我空军部队共组织各型飞机288架次，投掷各种炸弹851颗，发射枪炮弹3741发。战后查明，共炸毁蒋军各种火炮阵地15处，指挥所、雷达站各1处，破坏火力点、掩蔽所、地穴25处，营房数十间，及部分地堡、堑壕等工事，有力地支援和保证了陆军部队的登陆突破和纵深战斗。

我军首次陆、海、空联合兵种渡海登陆战，不到3个小时就结束了。此次作战打击强度之大、速度之快，出乎国民党和美帝国主义的意料。

有外电报道说，我军创造了三军联合作战最快的纪录。

一江山岛战役，为各军（兵）种协同作战、两栖登陆战和攻坚战创立了典范，初步取得了联合军（兵）种协同作战的经验，标志着我军从那时起就开始由单一兵种作战向多军（兵）种联合作战转变。但人民解放军空军毕竟还很年轻，作战中，航线的选择和战术的运用还不够灵活，以致国民党高射炮击伤19架飞机。选用炸弹偏小，引信使用不当，命中率不高，对岛上固定目标的轰炸命中率只有35.3%。

空军首次加入了联合作战的行列，这在我军现代化战史上具有里程碑的意义。

从此，空军作为一支现代化高技术军种，在战争中的作用和地位越来越受到重视。空军现代化、革命化、正规化建设也从此日新月异。

第4章 卫国利器——中国战机

4.1 中国接收的伊尔-10

伊尔-10是我国空军20世纪50年代的主力强击机，最先装备伊尔-10的部队是1950年成立的航空兵第四混成旅第13团，接收了苏联空军协防上海的航空兵团的25架伊尔-10。我国空军先后共接收了254架伊尔-10。

有103架伊尔-10一直使用到1972年才退役

1960年，曾有2架伊尔-10安装了退役图-4轰炸机的涡桨-6涡轮发动机，但后来因为仓库管理疏忽而在火灾中损坏，无法修复。

当时也只有涡桨-6这一款发动机能满足要求。改装工作由空军一所担任。由于ASh-73TK风冷活塞发动机舱短小，根本装不下涡桨-6，因此需要在活塞发动机舱前，加装一段过渡舱段与原发动机舱连接。制造和安装这个舱段时，由于没有型架保证精度，技术工人们把木匠拉线和水平仪等家什用于测量安装焊接位置，结果不仅精度非常好，而且时间只用了一个月就顺利完成。

虽然顺利改装了发动机舱，但却向前伸出达2.3米，影响了飞机的安定性和操纵性。工程师为解决这个问题采取快刀斩乱麻的方法，用加大平尾面积，在平尾两端加装端板，同时增加腹鳍和加大背鳍来保证安定性。在结构强度上有20多个部位得到了加强，也提升了最大载弹量。

换装大功率的涡桨发动机，配4叶变距螺旋桨。改装的飞机在保留内翼段挂载两枚炸弹的能力基础上，外翼段能够加挂火箭弹发射巢，同时还能在外侧挂架选挂两个副油箱增加航程。

由于发动机功率加大，飞机载弹量和性能得到了极大提高。同时，坚固的机身装甲、射击精度得到保留。改装后的伊尔-10飞机试飞后，空军非常满意。

虽不知道当时改装目的为何，但面对苏联咄咄逼人的装甲集群，加之强-5不知道何时可以服役，改装伊尔-10是增强战斗力的唯一快捷办法。

4.2 南昌 强-5攻击机

强-5攻击机是我国参照苏联米格-19，自行研制的第一代超声速攻击机，也是"大跃进"一连串的超英赶美自制飞机风潮中唯一存活而且量产的作战用攻击机。

强-5攻击机从1958年开始研制，1965年6月4日首飞。由于缺乏研制强击机经验及预定的技术指标过高，强-5一直拖延到1969年才得以投产服役，并于70年代大量装备。强-5最大平飞时速1210千米，在11千米的高度可达1372千米/时，实用升限15 400米，航程1630千米，拦截半径250千米，着陆滑跑距离1000米。它的载弹量为1500千克。

强-5机身为全金属半硬壳式，后机身装两台与歼-6相同的涡喷-6涡轮喷气发动机，带有加力，单台静推力最大状态2600千克，加力推力3250千克。机翼是后掠式中单翼，前缘后掠角55°，上翼面有较大的翼刀。水平尾翼和垂直尾翼后掠角分别为55°和57°，平尾为斜轴全动式。机体结构以铝合金和高强度合金钢为主要材料。起落架为可收放前三点式，前轮和主轮都装有盘式刹车和刹车压力自动调节装置。上述部分基本照搬米格-19。

刚研制成功的强-5原型采用了两门30毫米航空炮，像苏-25一样安装在机头两侧，空速管在右主翼外端。后改为类似歼-6那样在两翼根处安装两门23毫米航空炮。有6个外挂点，每个机翼下2个，机腹弹舱内2个，可挂导弹、火箭、炸弹等。机腹位于内部武器舱舱门两侧的两个外接点可各携带一枚250千克炸弹。位于主起落架舱外侧的两个外接点通常携带57毫米或90毫米火箭弹吊舱。后来生产的强-5每侧机翼下增设了一个PL-2（苏联K-13A"环礁"导弹的改型）红外近距空空导弹挂点，用于自卫。机腹内弹舱改成油箱，机腹改成4个挂架，各携带一枚250千克炸弹。

强-5延续了苏联军机耗油大、机体寿命短、大修时数短、需要频繁维修保养等缺点。身为"大跃进"时期的突击工程，受限于当时的技术，制造出的飞机机体超重、有效荷载低，但因当时没有别的选择，也勉为其难地生产了近千架，并有出口成绩，已属难能可贵！

1976年，我国开始研制强-5I型。1980年底首飞，1981年10月20日量产。强-5I型载弹量为2吨，航程2120千米。

强-5飞机定型投产后，南昌飞机制造厂又根据空军、海军部队的不同

强-5武器展示

使用要求和向国外出口外销的需要，结合国内航空技术的发展进步，不断改进研制出强-5飞机一系列的改进型。这里面既有为执行不同作战任务而改进的机型，也有为改善飞机各项性能而改进的机型；既有为发展和测试专项技术的试验机及技术验证机，也有拓展和增强飞机作战能力的各种改进技术方案。在之后30多年的时间里形成了一个型号繁多的强5系列家族。

1981年4月，巴基斯坦空军为第7、第16、第26大队订购40架强-5C，从1983年1月至1984年1月交付。它采用MK-10弹射座椅，翼展9.7米，长16.17米，高4.515米，空重6638千克，最大起飞重量12 000千克，最大时速1476千米，最大爬升率148米/秒，实用升限15 850米，最大起飞滑跑距离1250米，最大着陆滑跑距离1060米，最大作战半径600千米，高空最大航程1820千米，最大过载7.5G。

中国向孟加拉国出口了12架强-5C，向缅甸出口了22架强-5C。

1985年1月，中国开始批量生产强-5IA。这一型号还对朝鲜出口了40架。

1986年，中国开始研制强-5II。其中引进意大利技术的型号称为强-5M，1988年8月30日首飞，1991年2月19日完成试飞。

1987年6月，强-5D电子设备的改进以两台中央数字计算机和一条双余度数据总线为核心，加装现代化导航、攻击系统。新的感测装置和设备包括惯性导航系统、平视显示器、大气数据计算机、三自由度陀螺仪组、测距雷达、RW-30雷达警戒接收机、姿态指示器、水平位置指示器、静变流器和模态接制器，还有把新硬件与保留下来的8项原有设备连接起来的接口装置。并对冷却、电源、燃油、电子战、照明等系统做了改进。为了容纳新型设备和增设外接点，除了对飞机头部做不大的设计修改外，对外翼也做了适当的结构修改。

强-5E/F是挂载激光制导炸弹的首装机。该机外挂点减少到7个，但在靠近机翼内侧的2个挂架上，可挂2枚中国产LS-500J激光制导炸弹。航电设备和机载武器可以说是该型机变化最大的地方。它在强-5D的基础上加装新一代机载计算机、惯性导航/GPS综合导航系统、新一代主/被动电子战系统、武器外挂管理系统，以及用于目标搜索、跟踪和照射的前视红外吊舱。

2008年4月，南京电子技术研究所展出了用于强-5改进型的国产KLJ-7雷达

强-5G，装有机腹油箱，机翼下挂载激光制导炸弹

模型。该雷达由南京电子技术研究所研制，是一部多功能X波段脉冲多普勒火控雷达，采用高、中、低脉冲重复频率全波形设计，具有全方位、全高度、全天候对目标探测、跟踪的能力；采用1553B总线和复合视频与火控系统交联为其提供必要的信息；与敌我识别器配合共同完成敌我识别任务。该雷达据称可以管理多达40个目标，以边跟踪边扫描（TWS）模式监控其中10个目标，并同时攻击两个超视距目标。该所在展台上展出一款改进型强-5战机模型，其模型底座上注明KLJ-7脉冲多普勒机载火控雷达。模型机首显示，该机将装备KLJ-7火控雷达。加装火控雷达可以加强空空导弹、火箭弹、制导炸弹、空地导弹的发射与投放，完成中远程空空导弹制导。

2012年10月25日，江西洪都航空工业集团有限责任公司举行了最后一架强-5飞机总装交付仪式，结束了其长达44年的生产历史。各种型号的强-5飞机装备中国空军和海军航空兵近700架，成为部队的主力作战机

种之一。

强-5D 数据

基础数据

* 乘员：1人

* 长度：15.65米

* 翼展：9.68米

* 高度：4.33米

* 机翼面积：27.95米^2

* 空重：6375千克

* 装载重量：9486千克

* 最大起飞重量：11 830千克

* 动力装置：2台黎明涡喷-6A涡轮喷气发动机。正常推力，每台3000千克；推力加力，每台3750千克

性能

* 最大飞行速度：1210千米/时

* 最大航程：2000千米

* 作战半径：600千米

* 升限：16 500米

* 爬升率：103米/秒

* 翼载荷：423.3千克/米^2

* 推力/重量：0.63

武器

* 航空炮：2门NR-23航空炮，每门备弹100发

* 外挂点：10个（机身4个，翼下6个），可携带2000千克弹药

* 火箭：57毫米、90毫米、130毫米无制导火箭吊舱

* 导弹：PL-2、PL-5、PL-7空空导弹，C801反舰导弹

* 炸弹

50千克、150千克、250千克、500千克无制导炸弹

250千克、500千克激光制导炸弹

BL755集束炸弹

马特拉"迪朗达尔"反跑道炸弹

核弹

4.3 南昌 强-6攻击机

1974年初，西沙海战爆发。中国人民解放军海军以2艘猎潜艇和2艘扫雷艇对抗越南海军的3艘驱逐舰和1艘护卫舰，虽然最终取得了胜利，但西沙海战暴露出中国人民解放军海军在作战中无法得到有效的空中支援的问题。

在当时中国人民解放军空军和海军航空兵装备的各型战机中：歼-5、歼-6和歼-7等缺乏对地攻击能力；作为攻击机的强-5航程过短，载弹量少，无法适应高强度作战；作为轰炸机的轰-5、轰-6速度太慢，且缺乏自卫能力，无法完成对水面舰艇编队的火力支援。深感缺乏一种先进的支援战机的中国人民解放军空军和海军航空兵，在西沙海战结束后不久就分别向原三机部提出各自的新型战机设计指标要求，要求航空部门研制一种新型的支援型战斗攻击机。

在20世纪六七十年代，强-6研发之前，我国用一批武器装备从埃及换回一批米格-23MC，并对其可变后掠翼进行了研究。中国唯一具有强击机制造经验的南昌飞机制造厂，在强-5总设计师陆孝彭的坚持下，决定在

米格-23MC的基础上，发展一种单发单座超声速强击机，作为强-5和歼-6的共同后续机，并命名为强-6。但此项目于20世纪80年代终止。

虽然强-6项目终止，但强-6的设计思想非常超前。

从外形来看，强-6就像是F-16和米格-23的混合体。该机在国内没有任何先例的情况下，采用当时先进的电传飞行控制系统。以从国外获得的相关技术为基础，科研人员采用反向编译的方式，首先试制模拟式三余度电传操纵系统，称其为第一代战机电传操纵系统。该电传操纵系统主要由信号转换装置、飞行控制计算机、电缆和动作装置组成。

强-6计划选用当时的国产涡扇发动机——涡扇-6（WS-6）。该发动机最大推力为7240千克，最大加力推力为12 441千克，推重比为5.93。1983年，我国又在该发动机的基础上研制了WS-6G型发动机，加力推力达到14 072千克，推重比达到7。从指标上看，这已经和当时美苏空军的主力发动机F100（用于F-15）和AF-31（用于苏-27系列战机）处于同一水平。因此，有学者认为，这些指标有夸大的成分。后来其迟迟不能达到列装标准，也部分证明了这一推断。

从具体的研制目标上看，该机最大武器载荷4500千克，作战半径900千米。设计性能优于米格-23。但涡扇-6发动机出现了严重的技术瓶颈，同时更为重要的是，由于底子薄弱、技术力量不足，变后掠翼设计所带来的重心移动与飞机控制矛盾等各种问题无法解决。强-6的机载电子设备选用的是仿制和改进自米格-23BN上的相关设备，主要包括改进自"高空云雀"的新型雷达、新一代瞄-6型瞄准具、新型雷达告警系统，以及通信电台、无线电高度表、无线电罗盘、激光测距仪、近距导航和着陆系统等。其中，具备对地功能的新型雷达和瞄准具，使强-6能够便捷地执行对敌攻击任务。但是，该系统和仿制的其他苏联电子设备一样，相比同期的西方产品显得落后，而且大多采用电子管和晶体管混合元件，导致设备体积庞

海军航空兵的歼轰-7A

大，对飞机重量影响大。

虽然研制中基本是以米格-23的逆向工程为主，但在研制过程中也遇到了诸多技术问题，如：和苏联米格-23战斗机相比，我国在其基础上研制的变后掠翼机构要超重12%，间接导致作战半径及载弹量的减小；发动机的可靠性低，达不到装备要求；对可变后掠翼的控制系统的逆向工程没有完全实现。

20世纪80年代中后期，由于军方认为可变后掠翼布局并不是将来作战飞机的主流，加之其自身未解决的种种技术问题，以及一些因素的影响，强-6和我国其他这个时期中开发的军用航空器（如歼-9和运-10等）一样，最终停止了研制。此后，强-5进行了改装，以应对未来战争的需要。歼轰-7的出现也让我国有了多用途战斗机。同时，引进的苏-30MKK和苏-30MK2也极大满足了空军与海军对对地攻击的需求。

苏-30MKK